同济大学985三期“外国留学生预科教育模式探索与实践”项目规划教材

预科数学基础教程

总主编　许　涓

主　编　张　弢

编　写　张　弢　兰　辉　程　妤

图书在版编目(CIP)数据

预科数学基础教程/许涓总主编;张弢主编. —北京:北京大学出版社,2012.3
ISBN 978-7-301-20290-6

Ⅰ. 预… Ⅱ. ①许…②张… Ⅲ. 高等数学—高等学校—教材 Ⅳ. O13

中国版本图书馆 CIP 数据核字(2012)第 026858 号

书　　名:预科数学基础教程
著作责任者:许　涓(总主编)　张　弢(主编)　张　弢　兰　辉　程　妤(编写)
责 任 编 辑:张弘泓
标 准 书 号:ISBN 978-7-301-20290-6/O·0867
出 版 发 行:北京大学出版社
地　　址:北京市海淀区成府路 205 号　100871
网　　址:http://www.pup.cn　电子邮箱:zpup@pup.pku.edu.cn
电　　话:邮购部 62752015　发行部 62750672　出版部 62754962　编辑部 62752028
印 刷 者:北京虎彩文化传播有限公司
经 销 者:新华书店
787 毫米×1092 毫米　16 开本　12 印张　290 千字
2012 年 3 月第 1 版　2024 年 2 月第 4 次印刷
定　　价:36.00 元

编写说明

数学对于来华即将进入本科攻读理学、工学、农学、医学（中医药专业除外）、经济学、法学、管理学、教育学等专业的预科生来说，是一门非常重要的课程。预科数学基础的好坏将决定以上专业的预科生进入中国大学本科后能否顺利学习高等数学以及后续或相关课程。因此，使用一本什么样的预科数学教材，成为预科生能否亲近“中国数学”，奠定良好的专业基础的关键。

我们本着中与外结合、难与易结合、学与练结合的原则，组构了这本“语言”数学的整体框架和知识体系。本书具备以下特点：

（一）汉字认读与数学语言的结合

对于汉语基础较差，至多在中国仅仅接受过一个学期的汉语强化教学（约650学时）的预科生来说，对以汉语表述的数学上的很多专业词汇和常用语往往不知其音；或知其音，不知其意；或一知半解；所以必须让汉字教学和数学知识教学同时进行。在本书的每一节中，我们设计了“认一认”部分，专门用拼音和英文同时标注数学生词，以减少阅读和学习障碍，这是预科数学教学中不可缺少的一个环节。由于汉语数学表达的特殊性，预科生的阅读水平也是学习中国数学的一个拦路虎。为此，本教材专设“读一读”部分，使预科生能尽快适应中国数学语言的特点。

（二）直观图形与数学知识的结合

大多数留学生在本国都接触过相当于中国的初高中水准的数学课程，但以高考为代表的中国考试体系非常地严谨，而大部分预科生的数学水准很难达到中国的高中毕业生的水平，他们原有的数学知识往往需要一定的补缺、提升，才能与中国高中程度的数学知识接轨。在本书的“学一学”部分，我们针对预科生既有语言障碍，又有知识缺口的情况，力图通过大量图形的直观展示，先使这些图形尽快和学生头脑中已有的数学知识相衔接，再通过老师的汉语讲解、补充与提升，在学生脑海中逐渐输入“中国版本”的数学知识；最后，在“练一练”部分安排相当数量的练习来考察学生的数学汉字识别和数学运算以及相应的理解能力，以巩固新学到的“中国数学”知识。

（三）浅入深出，注重启发

我们的教材从识数开始，以集合作纽带，把学生逐步带到五大基本函数中去，为高等数学的学习做好循序渐进的铺垫。考虑到来自不同国家的留学生的数学基础的差异，在每一节的最后设“想一想”，引导那些基础好的同学深入思考“中国数学”问题，以便尽快地融入到以后的大学学习中去，能够和中国学生一起无障碍地学习高等数学和其他的相关科目。

本书的宗旨是培养数学的阅读及思维能力，让预科生进入本科学习阶段后，学习高等数学时无数学名词和知识点的障碍，同时为专业学习做知识储备。本教材曾以讲义形式在同济大学预科数学课堂试用了两届，期间根据学生的具体情况进行了多次增删修改，力求和大学的高等数学完成对接。

同济大学国际文化交流学院许涓对数理化全套教材的编写范围、编写风格、编写体例做了定位与协调工作。本书的第一章至六章由同济大学数学系张弢编写，同济大学数学系兰辉编写了第七章，同时对前六章的内容进行了多次修改和校对，同济大学国际交流学院的程好讲授并审阅了一至六章的初稿，并提出了宝贵意见。全书由张弢统一编排和校对。全体编写人员均为同济大学预科数学的授课教师。

本教材可供在中国接受过一个学期汉语教育的预科生数学课堂使用，也可作为来华留学生学习中国数学的自学教材。全书共分为七章，分别是数及其运算、方程与函数、集合与不等式、函数及其性质、三角函数、几何理论、数列及排列数。为了适应不同程度的学生学习，每一节分为“认一认”、“学一学”、“读一读”、“练一练”和“想一想”五个环节，教师可根据实际需要来选择教学内容。

本书的编写得到了同济大学国际文化交流学院的各位领导的大力支持，在此表示衷心的感谢！

学习和教学都是在循序渐进中进步，每一次开卷都会有新的想法，也会发现不足，希望各位同行和读者多加指正，你们的意见是我们最大的动力。

编　者

2011 年 7 月于同济园

前　言

这是一套预科专业基础课教材，写给立志在中国各高校本科学习专业的世界各国学子。

仿佛还是昨天，中国的莘莘学子历尽艰辛，克服重重困难，苦寻机会留洋海外，到世界各发达国家去学习先进的科学技术与思想文化。今天，中国不但已成为世界重要的留学输出国，同时也已成为世界重要的留学目的地国。特别是近年来，我国出国留学人数与来华留学生人数迅速攀升，且已基本持平，形成了应有的良好的互动。这是每一个熟悉中国历史的人，不得不为之感叹的巨变！世纪更迭，中国的高等教育发生了翻天覆地的变化！

自20世纪改革开放以来，随着中国经济实力、国际影响力的提升，来自世界各国的留学生不仅数量屡创新高，教育层次也大大提升。最近几年，来华留学的学历生人数增幅明显，其中一部分是接受中国政府奖学金资助来华学习的。但是，大多数即将进入中国高校本科学习专业的学历生，在来华前没有汉语基础，数理化等专业基础知识与中国学生也存在一定的距离。由于同时存在着语言、文化与专业基础知识的障碍，来华后若只经过一段时间的汉语补习，就要与中国大学生同堂听课，这个困难是可想而知的。

为保证中国政府奖学金本科来华留学生教育质量、提高奖学金使用效益，中国教育部规定，自2010年起，凡来华攻读本科学历的中国政府奖学金生，需先进入国家留学基金委指定的大学预科班学习。预科班课程内容分为基础汉语、专业汉语、专业基础知识与中国文化四类，学习期限为1～2年。预科阶段考试成绩合格者方可进入专业院校学习。这一举措，大大促进了来华留学生预科教育的开展，为本科来华留学生在本国接受的中等教育终点与中国高等教育起点之间搭建了必需的坚实的桥梁。

同济大学是目前国家留学基金委指定的开展预科教育的七所大学之一，在接受预科教育任务后，学校领导高度重视，各职能部门通力协作，教学部门努力拼搏，高效率、高质量地完成了2009学年、2010学年预科教育工作，受到教育部国际合作与交流司、国家留学基金委的表扬。在教育模式初步建构，教育成果初步显现的同时，使预科教育在实践与探索中得到科学的提升，打造预科教育品牌成为同济大学预科部的新目标。2011年，同济大学预科部“外国留学生预科教育模式探索与实践”课题成功申报同济大学985重点建设项目，使充实教学大纲，更新课程设置，推动课程建设，优化教学模式，编写紧缺教材，增进同行交流等工作提上日程，紧锣密鼓，快马加鞭地开展起来。

作为“外国留学生预科教育模式探索与实践”课题的子课题之一，这套预科专业基础课教材即是在上述时代背景、国际教育背景、学科建设背景下应运而生的。同济大学预科部承担的是理工农医（中医除外）类和医学类预科生教育，按照教育部的规定，这两类学生预科学习期限仅为1年。时间紧、任务重；学生起点低，结业要求高成为预科教育中无法回避的矛盾，但同时又是必须解决的问题。同济大学预科部课程设置在第一学期主要强化汉语；第二学期在继续开设汉语课、专业汉语课的同时，增设数理化等专业基础课。面对只有4个多月汉语学习经历，汉语水平仍处在初级阶段的外国学生，要在课时极为有限的情况下，帮助学生克服语言障碍，从最简单的数理化概念、符号、知识引入，最终让他们听懂用汉语传授的、并能与大学课程接轨的数理化知识，无疑是一个巨大的挑战。这不仅需要一支特殊的师资队伍，也必然需要一套特殊的数理化教材。

活跃在同济大学预科部数理化专业基础课课堂上的老师们都来自同济大学理学部数理化系科，他们既有深厚的专业素养、丰富的教材编写经验，同时还拥有多年执教同济大学留学生新生院数理化课程的经历。走进预科课堂，面对特殊的教学对象，他们深感需要一套既接近学生水平，又指向专业需要的基础课教材。多位骨干教师急教学之所需，参考上课讲义，结合教学实践，开始着手编写适用于预科课堂的数理化教材。由于教学时间有限，教学容量巨大，老师们精心筛选教材内容，提炼重点难点，反复琢磨编写形式，各个章节逐渐成形，随后又在教学中试用打磨，反复修改，终成硕果。这是一套开篇起点低，各章跨度大，取舍合理，最终与高校数理化课程接轨，既传授数理化汉语，更传授数理化知识，“浅入深出”、特色鲜明的预科数理化教材。

我们相信这套教材的出版将为预科教育的宏伟大厦添砖加瓦；我们期待外国留学生预科教育能为中国高校输送优质人才；我们更渴望在21世纪的今天，中国高等教育能进入国际领域打造品牌，争创一流，为教育强国开创美好的未来。

本套教材在编写之初，参考了天津大学国际教育学院预科部数理化课程讲义，在此表示衷心的感谢！

本套教材得到同济大学985三期“外国留学生预科教育模式探索与实践”子课题的资助，感谢同济大学校领导和国际文化交流学院院领导的鼓励与支持！

许　涓

2011年8月

目　　录

第一章　数及其运算

1.1　数的概念

1.1.1　数

认一认

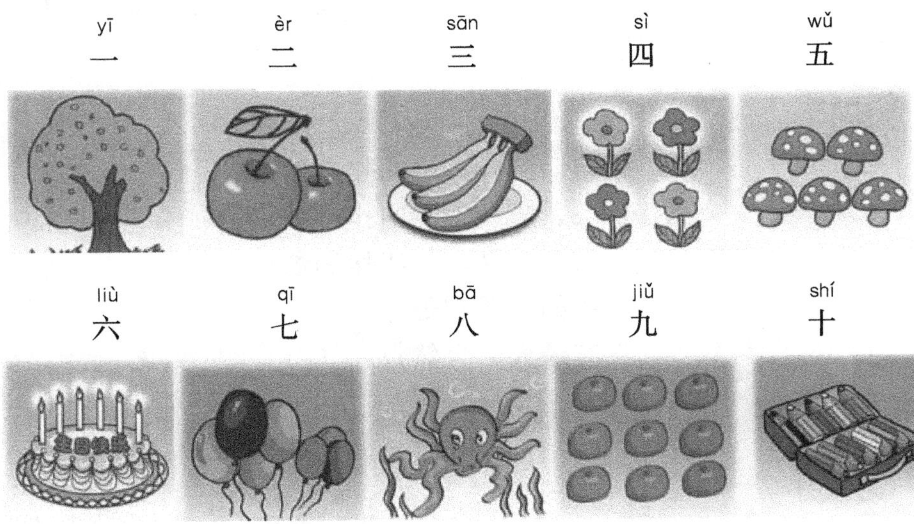

学一学

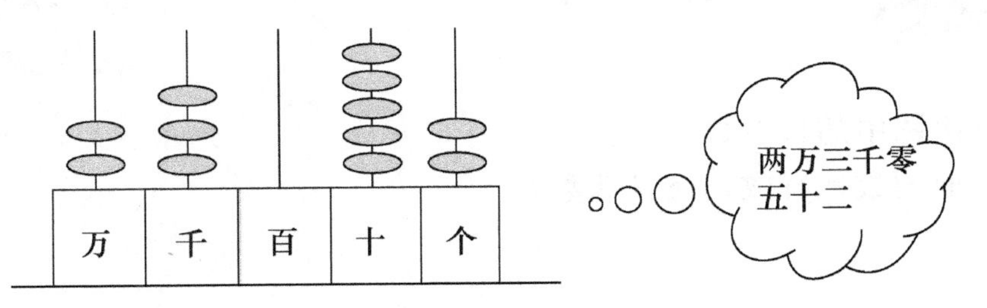

读一读

1. 32，168，2012，3456，20008，16000；
2. 五十八，一百零六，三千七百九十，两万四千零九.

1.1.2 自然数

认一认

自然数	zìránshù	natural number
奇数	jīshù	odd number
偶数	ǒushù	even number

学一学

0，1，2，3，…叫作自然数；
1，3，5，7，…叫作奇数；
0，2，4，6，…叫作偶数；
最小的自然数是0，
没有最大的自然数.

读一读

1. 读出图中的自然数；
2. 上面的数是奇数，还是偶数？

练一练

（一）填空（tiánkòng）

1. ________________叫作自然数；
2. 27，103，507，2001 叫作________________数；
3. 8，28，208，2008，20008 叫作________________数；
4. 最小的自然数是________________；
5. 14，28，36，0，71，23，6007，2012，55555. 其中：

   ________________是奇数，

   ________________是偶数，

   ________________是自然数.

（二）判断（pànduàn）

1. 0 是自然数；（　　）
2. 23 是奇数；（　　）
3. 101 是偶数；（　　）
4. 自然数都是奇数.（　　）

想一想

1. 最大的偶数是什么？
2. 最大的奇数是什么？

1.1.3　整数

认一认

整数	zhěngshù	integer
正整数	zhèngzhěngshù	positive integer
负整数	fùzhěngshù	negative integer
称为	chēngwéi	called
统称为	tǒngchēngwéi	collectively called

学一学

+1，+2，+3，+4，…称为正整数；

−1，−2，−3，−4，…称为负整数；

正整数、负整数和零统称为整数.

0 不是正整数；

0 不是负整数；

0 既不是正整数，也不是负整数.

0 是整数.

读一读

读数字

+32，+10002，−56，+67，190，−44，2349，−3018，91800.

读汉字

负四十二，负一百零六，负三千零七，正两百三十九；

三万两千，正八，八，负八.

练一练

（一）填空

0，1，4，$\frac{1}{2}$，0.5，−31，−22，6，0，+101，−400，0.333，−4050.

其中：________________是自然数；

________________是正整数；

________________是负整数；

________________不是整数.

（二）判断

1. 0 是正整数； （ ）
2. 23 是正整数； （ ）
3. +23 是正整数； （ ）
4. +23 是整数； （ ）
5. −23 是整数. （ ）

想一想

1. “正一”和“一”一样吗？
2. “正一”和“负一”一样吗？
3. “负四”是偶数吗？
4. 在整数中，哪些是偶数，哪些是奇数？

1.1.4　分数和倒数

认一认

大于	dàyú	greater than
小于	xiǎoyú	less than
等于	děngyú	equal
分数	fēnshù	fraction
分子	fēnzǐ	numerator (in a fraction)
分母	fēnmǔ	denominator
分数线	fēnshùxiàn	fractional line
真分数	zhēnfēnshù	proper fraction
假分数	jiǎfēnshù	improper fraction
倒数	dàoshù	reciprocal
互为	hùwéi	to one another

学一学

$5<6$

读作　五小于六

$>$　读作　大于

$<$　读作　小于

$=$　读作　等于

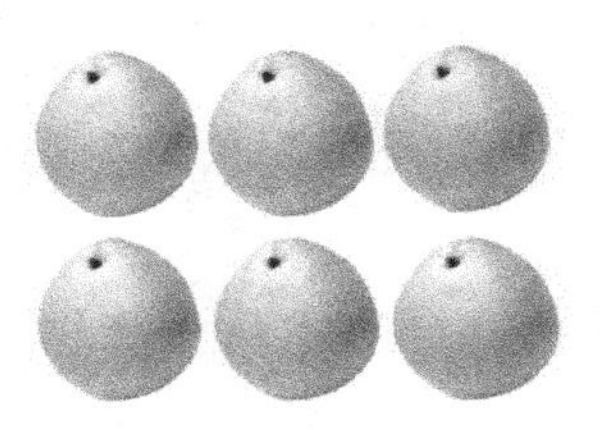

$6>5$

读作　六大于五

$\geqslant$　读作　大于等于

$\leqslant$　读作　小于等于

$\neq$　读作　不等于

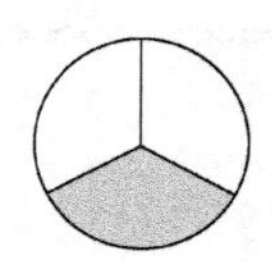

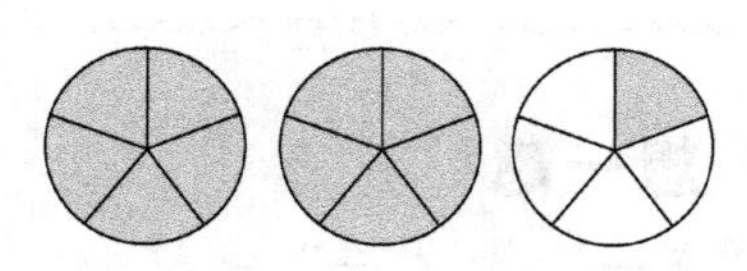

$$\frac{1}{3}$$ 1…分子，—…分数线，3…分母

读作　三分之一

$$\frac{11}{5}$$ 11…分子，—…分数线，5…分母

读作　五分之十一

分子小于分母的分数称为真分数；
分子大于等于分母的分数称为假分数；
真分数和假分数统称为分数；
分母不能等于零.

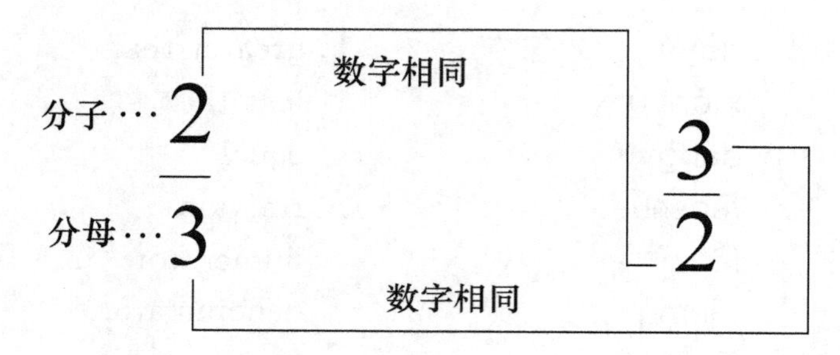

$\frac{3}{2}$是$\frac{2}{3}$的倒数；$\frac{2}{3}$是$\frac{3}{2}$的倒数；

称$\frac{2}{3}$和$\frac{3}{2}$互为倒数.

读一读

读出阴影（yīnyǐng）部分表示的分数

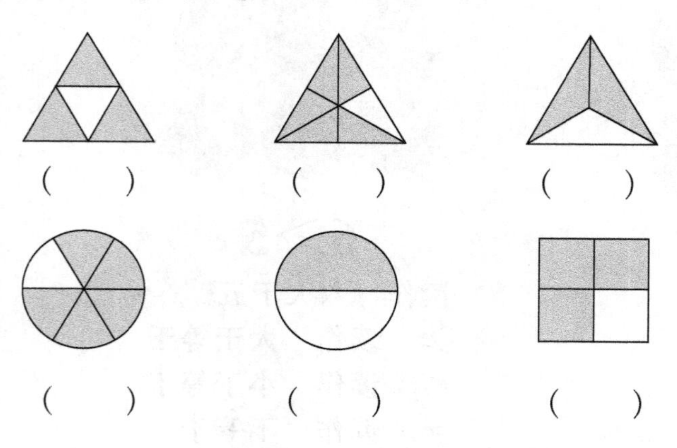

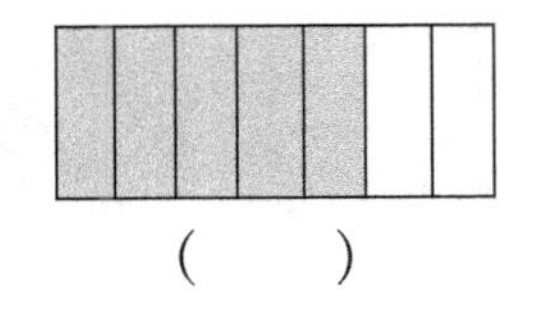

(　　)

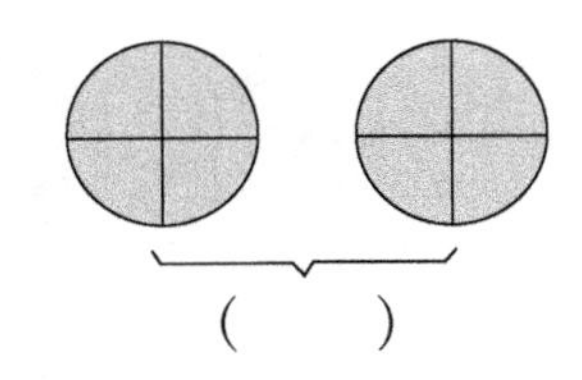

(　　)

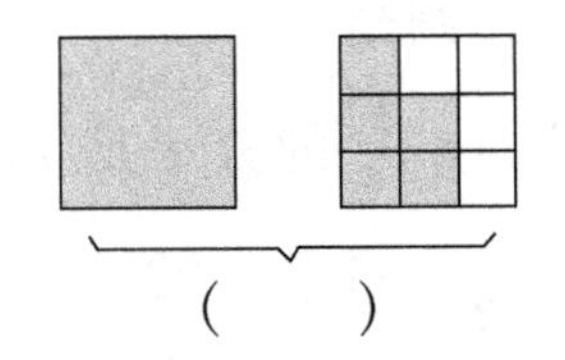

(　　)

读算式（suànshì）

105＞27，403≥200，－15＜0，－15＜＋15；

1089≤2039，25≠52，2002＜20002；

$\frac{1}{4}$，$\frac{3}{14}$，$\frac{5}{116}$，$\frac{2010}{201}$；

$\frac{5}{22}$和$\frac{22}{5}$，$\frac{101}{248}$和$\frac{248}{101}$，$\frac{1}{10}$和$\frac{10}{1}$.

读汉字

二十三大于负六十四，五百二十一小于一千零五十；

负七十二大于负九十，八十一不等于九十九；

负二小于等于零，四千大于等于三千七百二六；

正五等于五，负六十八不等于六十八；

五十分之一，三分之二十，两百零四分之九；

四分之七，七分之四；

一百零六分之三十一，三十一分之一百零六.

练一练

(一) 在括号（kuòhào）内填入“大于”、“小于”或“等于”

1. －24（　　）－42，　660（　　）606，　＋11（　　）11；

2. 8（　　）$\frac{8}{1}$，　$\frac{3}{5}$（　　）$\frac{3}{7}$，　$\frac{22}{4}$（　　）$\frac{11}{2}$，　$\frac{21}{37}$（　　）$\frac{22}{37}$；

3. 负二百二十（　　）两千二百二百二，

三千零三十（　　）三千三百，

负两千零十（　　）正两千零十.

(二) 填空

1. $\frac{1}{7}$的分子是______，分母是______，倒数是______；

2. $\frac{22}{5}$是______的倒数，是______分数；

3. ______和$\frac{11}{9}$互为倒数.

（三）判断

1. $\frac{11}{2}$的分子是 11； （　　）
2. $\frac{21}{5}$大于$\frac{22}{4}$； （　　）
3. 8 没有倒数； （　　）
4. 分数的分子可以等于分母； （　　）
5. 整数都能写成分数； （　　）
6. 分数都不是整数. （　　）

想一想

1. “二十二大于二十二”对吗？“二十二大于等于二十二”对吗？
2. “正二十二大于等于负二十二”对吗？

1.1.5 有理数

认一认

小数	xiǎoshù	decimal
循环小数	xúnhuán xiǎoshù	recurring decimal
有限小数	yǒuxiàn xiǎoshù	finite decimal
无限小数	wúxiàn xiǎoshù	infinite decimal
正数	zhèngshù	positive number
负数	fùshù	negative number
有理数	yǒulǐshù	rational number
分为	fēnwéi	into

学一学

21＝21.00

整数可以写成小数，21.00　读作　二十一点零零.

$\dfrac{85}{4}$**＝21.25**

分数可以写成小数，21.25　读作　二十一点二五；
21.25 称为有限小数.

$\dfrac{1}{3}$**＝0.3333…**

0.3333…这样的小数称为循环小数，记作　$0.\dot{3}$.

0.323232…也是循环小数，记作　$0.\dot{3}\dot{2}$.

大于零的数叫作正数；
小于零的数叫作负数；
零既不是正数，也不是负数.

分数分为正分数和负分数；
整数和分数统称为有理数；
可以写成分数的数都是有理数.

小数分为有限小数和无限小数；
循环小数都是无限小数；
有限小数和循环小数都是有理数.

读一读

读出下列（liè）有理数

0.45，1.204，306.113，0.454545，0.454545…；

$+0.45$，$-\frac{56}{7}$，-300.009，46，$\frac{11}{23}$，-2010；

两百零四点三六八，零点零零六七；

负两百零四点三六八，负三十一分之二十四.

练一练

（一）判断

1. -22 是正数； （　　）
2. 负数都是整数； （　　）
3. 有理数分为正有理数和负有理数； （　　）
4. 大于零的小数称为负小数； （　　）
5. 小数分为正小数和负小数. （　　）

（二）填空

0.56，$\frac{1}{2}$，33，28.2828，$28.\dot{2}\dot{8}$，$\frac{34}{9}$，-0.17，0，406，

$+37$，$+28.14$，3.145，$+\frac{4}{3}$，$-\frac{5}{4}$.

（　　　　　　　　）是循环小数；（　　　　　　　　）是小数；

（　　　　　　　　）是正数；（　　　　　　　　）是负数；

（　　　　　　　　）是正分数；（　　　　　　　　）是负小数；

（　　　　　　　　）是有理数.

想一想

1. 分数都可以写成小数吗？
2. 小数都可以写成分数吗？
3. 循环小数都是有理数吗？小数都是有理数吗？
4. 有理数都可以写成分数吗？
5. 你还知道哪些循环小数？

1.2　数的运算

1.2.1　数的四则运算

认一认

加	jiā	add
减	jiǎn	subtract
乘	chéng	multiply
除	chú	be divide by
和	hé	sum
差	chā	difference
积	jī	product
商	shāng	quotient
整除	zhěngchú	be divided with no remainder
四则运算	sìzé yùnsuàn	four arithmetic operation
例	lì	example
解	jiě	answer

学一学

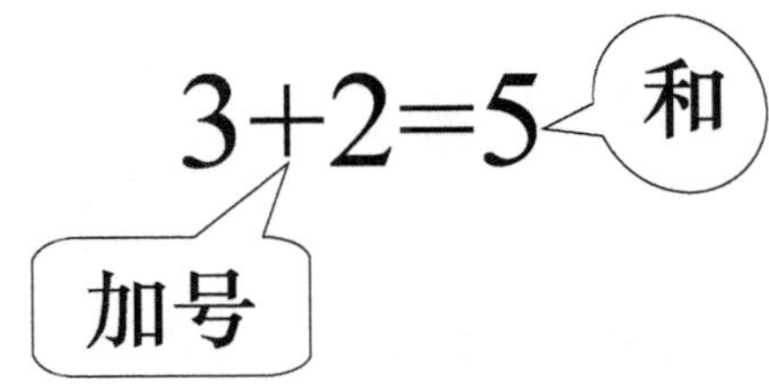

读作　3 加（上）2 等于 5，

5 称为 3 与 2 的“和”.

$5-2=3$　差　减号

读作　5 减（去）2 等于 3，

3 称为 5 与 2 的“差”.

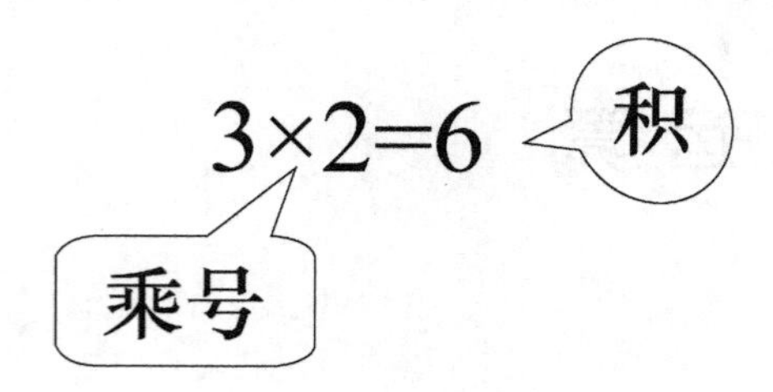

读作 3 乘（以）2 等于 6，

6 称为 3 与 2 的“积”.

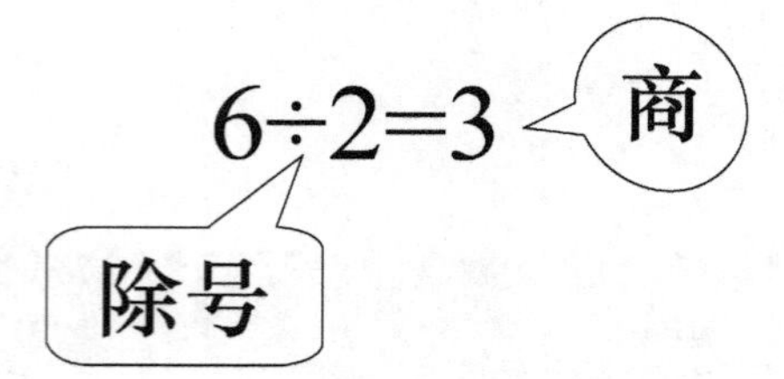

读作 6 除以 2 等于 3，

3 称为 6 与 2 的“商”.

“加”、“减”、“乘”、“除”称为数的四则运算.

例 1 读出下列算式.

1. $3.8+\frac{1}{2}=4.3$；　　2. $5.7-3=2.7$；

3. $2\times4=8$；　　4. $3.6\div1.2=3$.

解:

1. $3.8+\frac{1}{2}=4.3$ 读作 三点八加（上）二分之一等于四点三；
2. $5.7-3=2.7$ 读作 五点七减（去）三等于二点七；
3. $2\times4=8$ 读作 二乘（以）四等于八；
4. $3.6\div1.2=3$ 读作 三点六除以一点二等于三.

读一读

如果……，那么……

如果 $a+b=c$，那么 c 称为 a 与 b 的和；

如果 $a-b=c$，那么 c 称为 a 与 b 的差；

如果 $a\times b=c$，那么 c 称为 a 与 b 的积，也写作 $a\cdot b=c$；

如果 $a\div b=c$，那么 c 称为 a 与 b 的商，也写作 $\frac{a}{b}=c$；

如果 a 与 b 的商是整数，那么称 a 被 b 整除.

练一练

（一）判断

1. 在 22＋3.5＝25.5 中，25.5 称为 22 与 3.5 的差；（　　）
2. 负数都是整数；（　　）
3. 有理数包括正有理数和负有理数.（　　）

（二）读出下列算式，并计算结果.

1. $\frac{1}{2}-\frac{2}{3}$；
2. $(-72)-(-37)$；
3. $(-2.48)+4.33$；
4. $7.52-(+4.32)$；
5. $(-1)\times(-2.5)$；
6. $4\div(-0.25)$；
7. $5\div(0.2-2)$；
8. $\left(\frac{1}{4}-\frac{2}{5}\right)\times(0.2-2)$.

想一想

1. 在（－72）－（－37）中，哪个是减号，哪个是负号？
2. 2.2÷0.5 可以读作“2.2 除 0.5”吗？
3. 能够被 2 整除的整数叫什么数？

1.2.2　数的方根

认一认

平方	píngfāng	square
平方根	píngfānggēn	square root
算术平方根	suànshù píngfānggēn	arithmetic square root
立方	lìfāng	cube
立方根	lìfānggēn	cube root
根号	gēnhào	radical sign

学一学

读作　3 的平方等于 9；

$3=\sqrt{9}$　（算术平方根）

读作　3 等于根号 9.

$(-3)^2=9$

读作　负 3 的平方等于 9；

$-3=-\sqrt{9}$　（负平方根）

读作　负 3 等于负根号 9.

$3^3=27$　（立方）

读作　3 的立方等于 27；

$3=\sqrt[3]{27}$　（立方根）

读作　3 等于三次根号下 27.

若 $x^2=a$（$a\geqslant0$），则 a 叫作 x 的平方，也叫二次方；
x 叫作 a 的平方根，也叫作二次方根，
记作 $x=\pm\sqrt{a}$；
读作 x 等于正负根号 a.
$x=\sqrt{a}$ 叫作 a 的算术平方根，也是正平方根；
$x=-\sqrt{a}$ 叫作 a 的负平方根.

若 $x^3=a$，则 a 叫作 x 的立方，也叫作三次方；
x 叫作 a 的立方根，也叫作三次方根.
记作 $x=\sqrt[3]{a}$；
读作 x 等于三次根号下 a.

正数的平方根有两个；
负数没有平方根；
零的平方根是零.

正数只有一个立方根；
负数也有一个立方根；
零的立方根是零.

例 读出下列算式.

1. $(\pm 2)^2=4$；　2. $2=\sqrt{4}$，$-2=-\sqrt{4}$；　3. $\pm 3=\pm\sqrt{9}$；

4. $\left(\frac{1}{2}\right)^3=\frac{1}{8}$；　5. $\frac{1}{2}=\sqrt[3]{\frac{1}{8}}$.

解：

1. $(\pm 2)^2=4$

读作　正负二的平方等于四，
也读作　正负二的二次方等于四；
4 称为 +2 和 −2 的平方，也称为二次方.

2. $2=\sqrt{4}$，$-2=-\sqrt{4}$

读作　二等于根号四，负二等于负根号四；
2 和 −2 称为 4 的平方根，也称为二次方根；
2 是 4 的算术平方根，−2 是 4 的负的平方根.

3. $\pm 3=\pm\sqrt{9}$

读作　正负三等于正负根号九；
+3 和 −3 分别称为 9 的平方根，也称为二次方根.

4. $\left(\frac{1}{2}\right)^3=\frac{1}{8}$

读作　二分之一的立方等于八分之一，
也读作　二分之一的三次方等于八分之一；
$\frac{1}{8}$称为$\frac{1}{2}$的立方，也称为三次方.

5. $\frac{1}{2}=\sqrt[3]{\frac{1}{8}}$

读作　二分之一等于三次根号（下）八分之一；

$\frac{1}{2}$称为$\frac{1}{8}$的立方根，也称为三次方根.

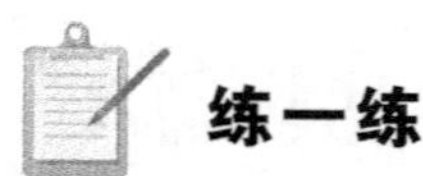

读一读

$15^2=225$，$25=\pm\sqrt{625}$，$4^3=64$，$-6=\sqrt[3]{-216}$；

$0.7^2=0.49$，$0.8=\sqrt{0.64}$，$-\frac{1}{9}=\sqrt[3]{-\frac{1}{729}}$，$\pm\frac{1}{25}=\pm\sqrt{\frac{1}{625}}$；

七是三百四十三的立方根，八十一的算术平方根等于九；

零点零零一的立方根是零点一；

六十四分之一的负平方根等于负八分之一.

练一练

（一）求（qiú）下列各（gè）数的平方和立方，并读出算式.

$\frac{1}{4}$，0，-1.5，4，0.8，$-\frac{3}{2}$.

（二）求下列各数的平方根和算术平方根，并读出算式.

$\frac{1}{4}$，0，-0.01，4，0.16，$-\frac{3}{2}$.

（三）求下列各数的立方根，并读出算式.

$-\frac{1}{8}$，0，-0.001，8，0.027，$-\frac{125}{64}$.

想一想

1. 什么叫作四次方？四次方根是什么？写出一个数的四次方和四次方根.
2. 二的五次方是什么？写出两百四十三的五次方根.
3. 负数有四次方根吗？有五次方根吗？

1.3　无理数与实数

认一认

不循环小数	bùxúnhuán xiǎoshù	nonrecursive decimal
无理数	wúlǐshù	irrational number
实数	shíshù	real number
包括	bāokuò	include

学一学

$23=23.0$　　整数可以写成有限小数；

$\frac{1}{2}=0.5$　　分数可以写成有限小数；

$\frac{1}{7}=0.142857142857142857\cdots=0.\dot{1}4285\dot{7}$

分数也可以写成（无限）循环小数；

$\sqrt{2}=1.41421356237309504880168872420 97\cdots$

称为（无限）不循环小数.

小数包括有限小数和无限小数；

无限小数包括循环小数和不循环小数；

不循环小数称为无理数.

有理数和无理数统称为实数.

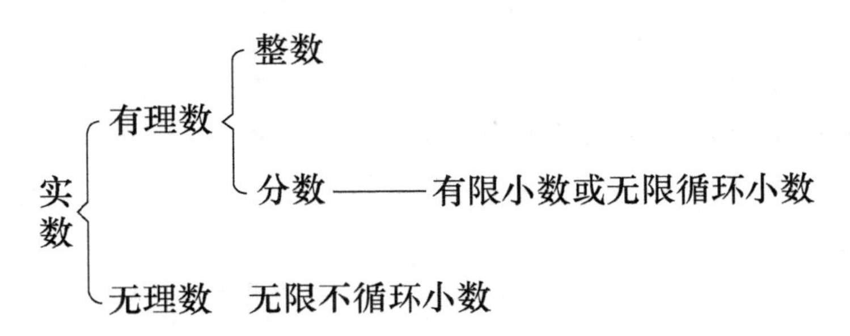

例 1 4，$\frac{1}{4}$，$\frac{1}{3}$，$\frac{9}{11}$，$\sqrt{3}$，π.

1. 把上面的实数都写成小数，并指（zhǐ）出小数的类型（lèixíng）.
2. 上面的数中哪些是有理数？哪些是无理数？

解：

1. 4＝4.0，4.0 是有限小数；

   $\frac{1}{4}=0.25$，0.25 是有限小数；

   $\frac{1}{3}=0.3333\cdots=0.\dot{3}$，$0.\dot{3}$ 是循环小数，

   循环小数是无限小数；

   $\frac{9}{11}=0.818181\cdots=0.\dot{8}\dot{1}$，$0.\dot{8}\dot{1}$ 是循环小数；

   $\sqrt{3}=1.7320508075688772935274463415059\cdots$

   $\sqrt{3}$ 既不是有限小数，也不是循环小数，是无限不循环小数；

   $\pi=3.1415926\cdots$，π 是无限不循环小数.

2. 4，$\frac{1}{4}$，$\frac{1}{3}$，$\frac{9}{11}$是有理数；$\sqrt{3}$，π 是无理数.

读一读

$$\text{实数}\begin{cases}\text{正实数}\begin{cases}\text{正有理数}\\ \text{正无理数}\end{cases}\\ \text{零}\\ \text{负实数}\begin{cases}\text{负有理数}\\ \text{负无理数}\end{cases}\end{cases}$$

……包括……

实数包括正实数、负实数和零；

正实数包括正有理数和正无理数；

负实数包括负有理数和负无理数.

练一练

（一）填空

$\sqrt[3]{2}$，$\frac{7}{3}$，$\sqrt{7}$，$-\frac{5}{2}$，0，$\sqrt{\frac{20}{3}}$，$\sqrt{\frac{4}{9}}$，$-\sqrt{5}$，$-\sqrt[3]{8}$，0.3737737773…，$2\pi-1$.

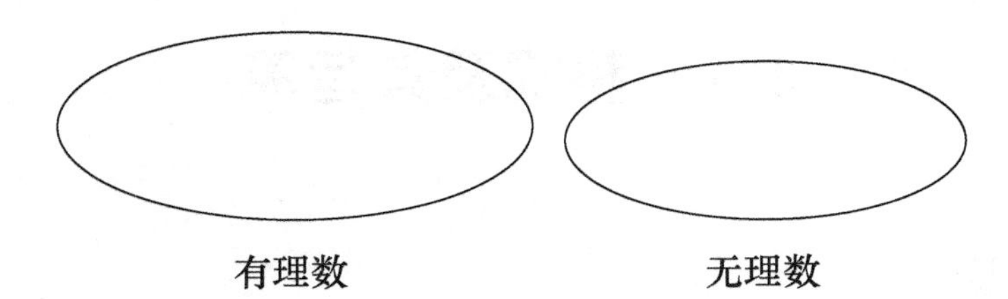

（二）判断

1. 有限小数都是有理数；（　）
2. 循环小数是有理数；（　）
3. 循环小数是有限小数；（　）
4. 无限不循环小数都是无理数；（　）
5. 实数包括正数、负数和零；（　）
6. 负实数包括负有理数和正有理数；（　）
7. $\frac{1}{3}$可以写成循环小数；（　）
8. $\sqrt{8}$是无理数；（　）
9. $\sqrt[3]{27}$是无理数.（　）

想一想

1. 小数都是有理数吗？小数都是实数吗？
   哪些小数是有理数？哪些小数是无理数？
2. 有理数都可以用小数表示吗？

第二章　方程与函数

2.1　整式及其运算

认一认

单项式	dānxiàngshì	monomial
系数	xìshù	coefficient
指数	zhǐshù	index
次数	cìshù	degree
多项式	duōxiàngshì	polynomial
项	xiàng	term
常数项	chángshùxiàng	constant term
一次项	yīcìxiàng	linear term
二次项	èrcìxiàng	quadratic term
整式	zhěngshì	integral expression
同类项	tónglèixiàng	similar terms
倍	bèi	times
平方差公式	píngfāngchā gōngshì	formula for the difference of squares
完全平方公式	wánquán píngfāng gōngshì	formula for the square of the sum
因式分解	yīnshì fēnjiě	factorization
十字相乘法	shízì xiāngchéngfǎ	cross-method

学一学

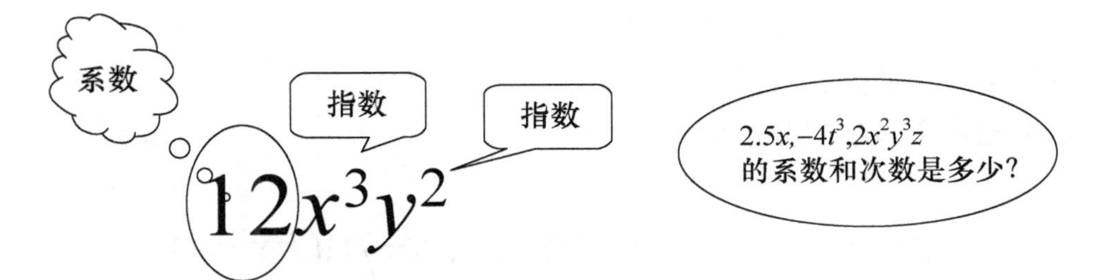

数与字母的乘积称为单项式；
一个数、一个字母也是单项式.
所有字母指数的和称为单项式的次数.

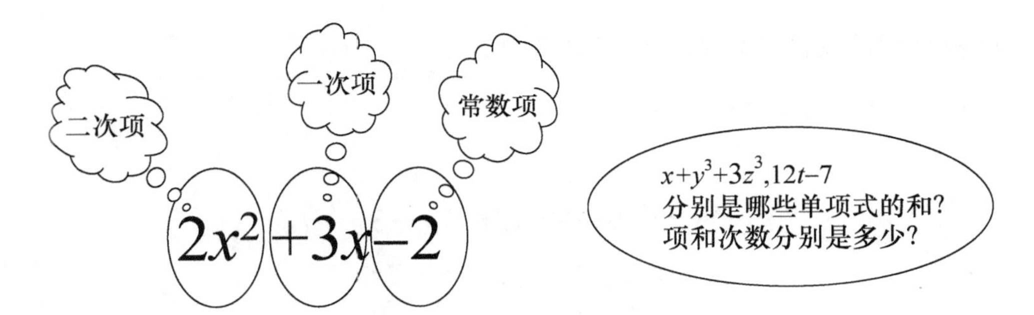

几个单项式的和称为多项式；
每个单项式叫作多项式的项；
没有字母的项称为常数项；
次数最高项的次数称为多项式的次数.
单项式和多项式统称为整式.

$$\underbrace{3x^2-5x^2}_{-2x^2}\underbrace{-4x+5x}_{x}\underbrace{+6-8}_{-2}$$

字母相同、指数也相同的项称为同类项；
把多项式中的同类项合成一项，称为合并同类项.

$$x^2+(p+q)x+pq \underset{\text{整式相乘}}{\overset{\text{因式分解}}{\rightleftarrows}} (x+p)(x+q)$$

一个多项式写成几个整式的积，
称为多项式的因式分解；
也称把这个多项式分解因式.

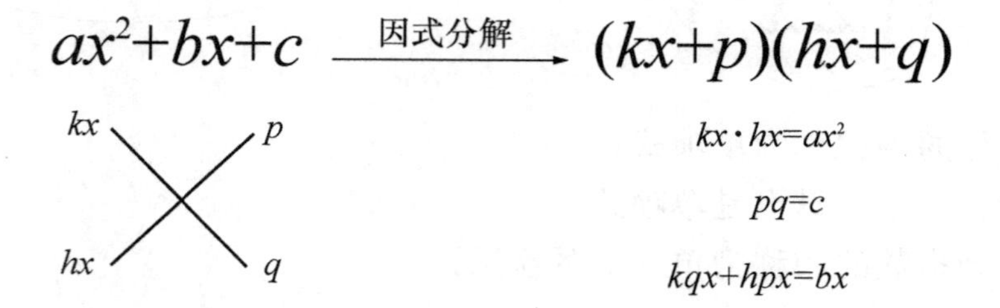

这种分解因式的方法称为十字相乘法.

 **例 1** 分解因式 $2x^2+9x+9$.

解：

$$2x^2+9x+9=(2x+3)(x+3)$$

$2x$	3	$2x\cdot x=2x^2$
x	3	$3\cdot 3=9$
		$6x+3x=9x$

例 2 分解因式 $12x^2-29x+15$.

解：

$$12x^2-29x+15=(3x-5)(4x-3)$$

$3x$	-5	$3x\cdot 4x=12x^2$
$4x$	-3	$(-5)\cdot(-3)=15$
		$-9x+(-20)x=-29x$

读一读

$$(a+b)(a-b) \underset{\text{因式分解}}{\overset{\text{平方差公式}}{\rightleftarrows}} a^2-b^2$$

平方差公式

两个数的和与这两个数的差的积，等于这两个数的平方差.

$$(a\pm b)^2 \underset{\text{因式分解}}{\overset{\text{完全平方公式}}{\rightleftharpoons}} a^2\pm 2ab+b^2$$

完全平方公式

两个数和的平方，等于它们的平方和，加（上）它们积的 2 倍；

两个数差的平方，等于它们的平方和，减（去）它们积的 2 倍.

练一练

（一）填空

整式	$-15ab$	$4a^2b^2$	$\frac{3x^3y}{2}$	x^2-4	$a^2-2ab+b^4$
系数					
次数					
项数					

（二）写出下列等式

1. 比 a 大 5 的数等于 8；
2. b 的三分之一等于 9；
3. x 的 2 倍与 10 的和等于 18；
4. x 的三分之一减 y 的差等于 6；
5. 比 a 的 3 倍大 5 的数等于 a 的 4 倍；
6. 比 b 的一半小 7 的数等于 b 的 3 倍与 5 的和.

（三）分解因式

1. $2x^2+13x+15$；　　2. $3x^2-15x-18$；

3. $6x^2-3x-18$；　　4. $8x^2-14x+6$；

5. $4x^2+11x+6$；　　6. $3x^2+10x+8$；

7. $6x^2-7x-5$；　　8. $4x^2-18x+18$.

想一想

1. 什么叫作二次三项式？写出几个二次三项式.
2. 多项式都可以用十字相乘法分解吗？
3. 你还知道哪种分解因式的方法？

2.2 方 程

方程	fāngchéng	equation
未知数	wèizhīshù	unknown
含有	hányǒu	containing
一元一次方程	yīyuán yīcì fāngchéng	linear equation with one unknown
一元二次方程	yīyuán èrcì fāngchéng	quadratic equation with one unknown
值	zhí	value
方程的解	fāngchéng de jiě	solution of equation
方程的根	fāngchéng de gēn	root of equation
移项	yíxiàng	transposition of terms
配方法	pèifāngfǎ	method of completing square
判别式	pànbiéshì	discriminant
求根公式	qiú gēn gōngshì	formula of root
公式法	gōngshìfǎ	solving by formula
因式分解法	yīnshì fēnjiěfǎ	factorization

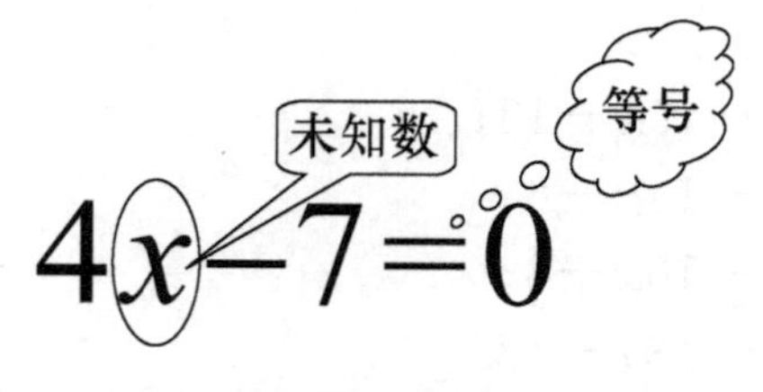

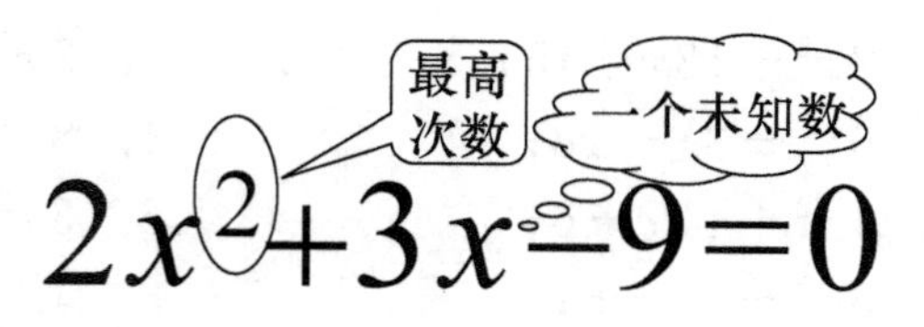

含有未知数的等式称为方程；

含有一个未知数的方程称为一元方程；

未知数的最高次数是 1 的方程称为一次方程；

未知数的最高次数是 2 的方程称为二次方程；

使等式成立的未知数的值，称为方程的解，

也称为方程的根.

$4x-7=0$ 是一元一次方程，

$x=\frac{7}{4}$称为 $4x-7=0$ 的解；

$2x^2+3x-9=0$ 是一元二次方程，

$x_1=\frac{3}{2}$，$x_2=-3$ 称为 $2x^2+3x-9=0$ 的解，

也称为方程的两个不等实数根.

**例 1**　求一元一次方程 $x+2x+4x=140$ 的解.

解：

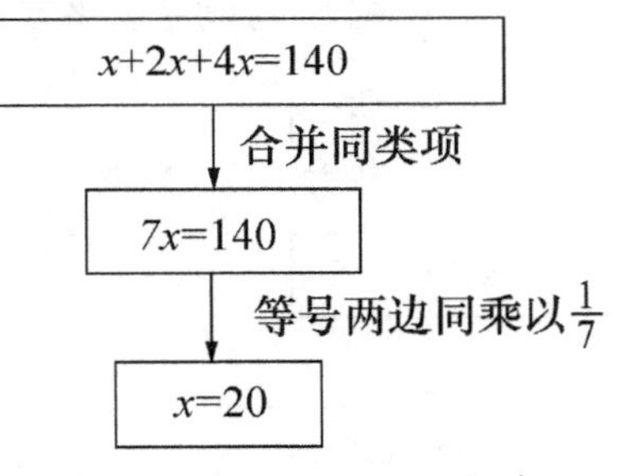

**例 2**　求一元一次方程 $3x+20=4x-25$ 的解.

解：

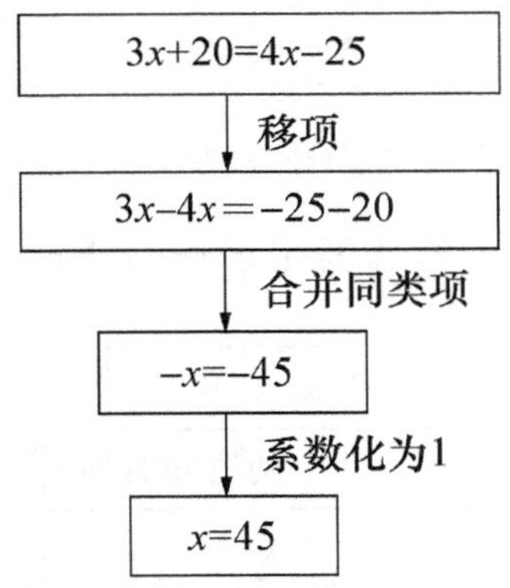

把等式的项变号后移到另一边称为移项.

**例 3**　求一元二次方程 $x^2+6x-16=0$ 的解.

解：（一）

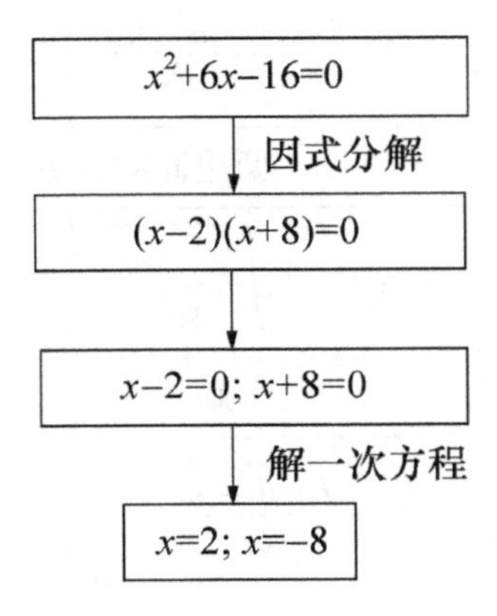

用因式分解式解方程的方法称为因式分解法.

解：（二）

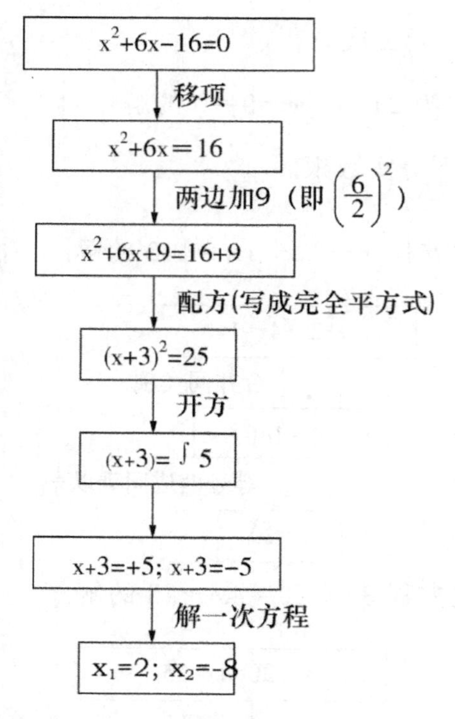

用完全平方式解方程的方法称为配方法.

例 4 用配方法求一元二次方程 $ax^2+bx+c=0$ 的解.

解：

$$ax^2+bx+c=0$$

两边同时加 $\frac{b^2}{4a}$

$$a\left(x^2+\frac{b}{a}x+\frac{b^2}{4a^2}\right)+c=\frac{b^2}{4a}$$

配方

$$a\left(x+\frac{b}{2a}\right)^2=\frac{b^2-4ac}{4a}$$

两边同时开方

$$x+\frac{b}{2a}=\pm\sqrt{\frac{b^2-4ac}{4a^2}}$$

求解

$$x=\frac{-b\pm\sqrt{b^2-4ac}}{2a}$$

例 5　求一元二次方程 $x^2-4x-7=0$ 的解.

解：因为 $a=1$，$b=-4$，$c=-7$；所以

$b^2-4ac=(-4)^2-4\cdot1\cdot(-7)=44>0$；

从而

$$x=\frac{-b\pm\sqrt{b^2-4ac}}{2a}=\frac{-(-4)\pm\sqrt{44}}{2\cdot1}=2\pm\sqrt{11},$$

因此方程的解 $x_1=2+\sqrt{11}$，$x_2=2-\sqrt{11}$.

这种解方程的方法叫作公式法.

读一读

b^2-4ac 叫作 $ax^2+bx+c=0$（$a\neq0$）根的判别式，记为

$$\Delta=b^2-4ac.$$

当 $\Delta\geqslant0$ 时 $ax^2+bx+c=0$（$a\neq0$）的实数根为

$$x=\frac{-b\pm\sqrt{b^2-4ac}}{2a},$$

叫作方程的求根公式；

当 $\Delta<0$ 时方程无解（无实数解）.

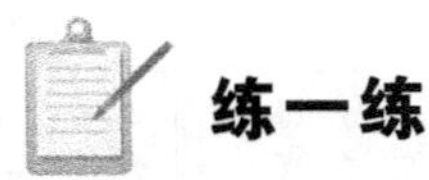

练一练

（一）填空

1. x^2+10x+______$=(x+$______$)^2$；
2. x^2-12x+______$=(x+$______$)^2$；
3. x^2+5x+______$=(x+$______$)^2$；
4. $x^2+\frac{2}{3}x+$______$=(x+$______$)^2$.

（二）解下列方程

1. $2x^2-8=0$；
2. $(x+6)^2-9=0$；
3. $x^2-4x+4=5$；
4. $9x^2+6x+1=4$；
5. $x^2+10x+9=0$；
6. $3x^2+6x+4=0$；
7. $x^2+10x+16=0$；
8. $16x^2+24x+9=0$.

想一想

1. 一元二次方程的根最多有几个?
2. 什么时候一元二次方程只有一个根?
   写出一个只有一个根的方程.
3. 什么时候一元二次方程没有根(无解)?
   写出一个无解的方程.
4. 一元二次方程的根和系数有什么关系?
5. 什么叫一元三次方程?写出一个一元三次方程.
   怎样解一元三次方程?

2.3 点的坐标

2.3.1 坐标系

认一认

点	diǎn	point
原点	yuándiǎn	origin
单位长度	dānwèi chángdù	unit length
正方向	zhèngfāngxiàng	positive direction
直线	zhíxiàn	line
数轴	shùzhóu	axis
坐标	zuòbiāo	coordinate
符号	fúhào	sign
相反数	xiāngfǎnshù	opposite number
距离	jùlí	length
绝对值	juéduìzhí	absolute value
横轴	héngzhóu	horizontal axis
纵轴	zòngzhóu	longitudinal axis
象限	xiàngxiàn	quadrant

横坐标	héngzuòbiāo	horizontal coordinate
纵坐标	zòngzuòbiāo	longitudinal coordinate
位于	wèiyú	in

学一学

(一) 数轴和数轴上的点

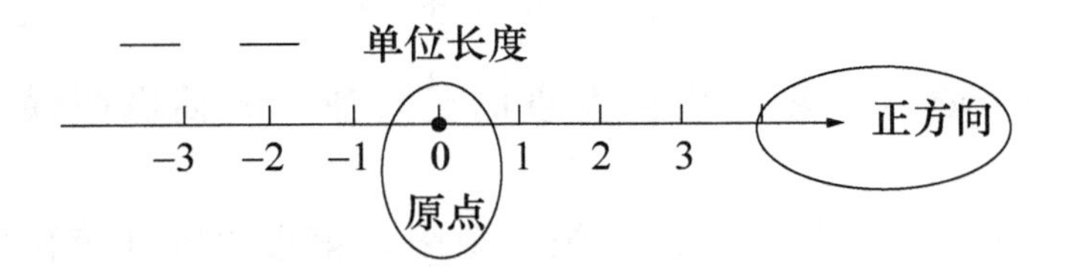

有原点、正方向和单位长度的直线称为数轴.
数轴上的每个点表示一个实数，这个实数称为点的坐标.

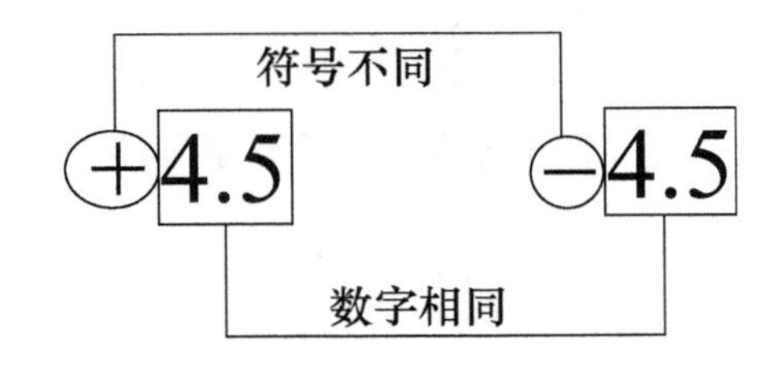

符号不同、数字相同的两个数称为相反数.
两个相反数表示的点到原点的距离相同，
称为这两个数的绝对值.

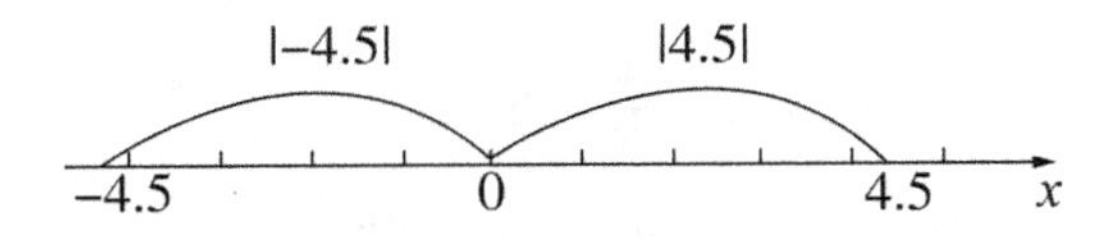

$|+4.5|=4.5$ 读作 正 4.5 的绝对值等于 4.5；
$|-4.5|=4.5$ 读作 负 4.5 的绝对值等于 4.5.
正数的绝对值是它自己，
负数的绝对值是它的相反数；
零的绝对值是零.

（二）直角坐标系和象限

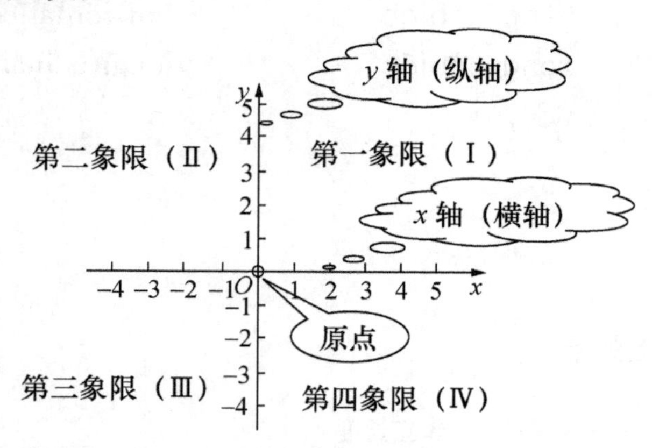

坐标系有一个原点，两个相互垂直的坐标轴：x 轴也叫横轴，y 轴也叫纵轴.

坐标系有 4 个象限：第Ⅰ象限，第Ⅱ象限，第Ⅲ象限和第Ⅳ象限.

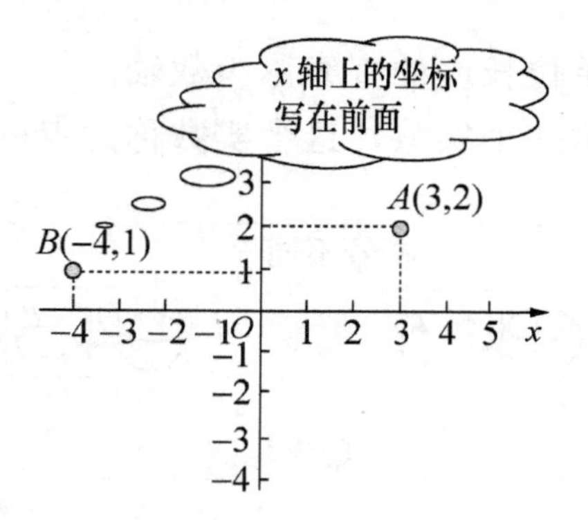

点 A 的横坐标是 3，纵坐标是 2，
称点 A 位于第Ⅰ象限，坐标是（3，2）；
点 B 的横坐标是－4，纵坐标是 1，
称点 B 位于第Ⅱ象限，坐标是（－4，1）.

例 1 0，－1，$+\frac{1}{2}$，－0.5，$\frac{4}{3}$，5.

1. 画出数轴，用数轴上的点表示上面的数；
2. 求出上面各数的相反数和绝对值.

解：

1.

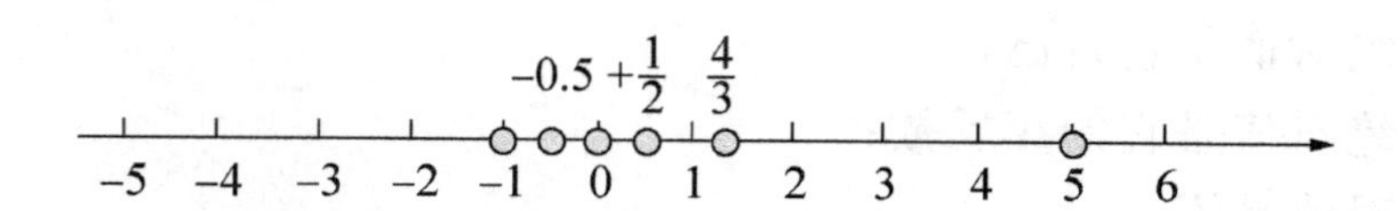

2. 0 的相反数是 0；0 的绝对值是 0，记为 $|0|=0$.

-1 的相反数是 1，也写作 $+1$；-1 的绝对值是 1，记为 $|-1|=1$.

$+\frac{1}{2}$ 的相反数是 $-\frac{1}{2}$；$+\frac{1}{2}$ 的绝对值是 $\frac{1}{2}$，记为 $\left|+\frac{1}{2}\right|=\frac{1}{2}$.

-0.5 的相反数 $+0.5$，也写作 0.5；-0.5 的绝对值是 0.5，$|-0.5|=0.5$.

$-\frac{4}{3}$ 的相反数是 $\frac{4}{3}$，$-\frac{4}{3}$ 的绝对值是 $\frac{4}{3}$，记为 $\left|-\frac{4}{3}\right|=\frac{4}{3}$.

5.8 的相反数是 -5.8，5.8 的绝对值是 5.8，记为 $|5.8|=5.8$.

例 2　求点 A，B，C，D，E 的横坐标、纵坐标、坐标和所在的象限.

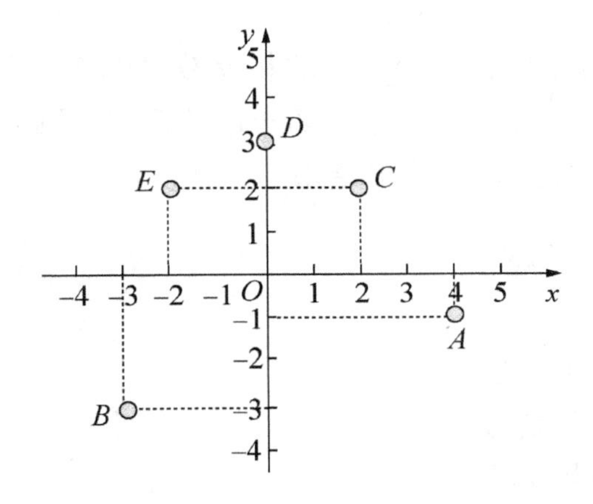

解：

A 点的横坐标是 4，纵坐标是 -1，坐标是 $(4, -1)$；位于第Ⅳ象限.

B 点的横坐标是 -3，纵坐标是 -3，坐标是 $(-3, -3)$；位于第Ⅲ象限.

C 点的横坐标是 2，纵坐标是 2，坐标是 $(2, 2)$；位于第Ⅰ象限.

D 点的横坐标是 0，纵坐标是 3，坐标是 $(0, 3)$；位于 y 轴上.

E 点的横坐标是 -2，纵坐标是 2，坐标是 $(-2, 2)$；位于第Ⅱ象限.

读一读

如果点位于第Ⅰ象限：它的横坐标是正数，纵坐标也是正数；

如果点位于第Ⅱ象限：它的横坐标是负数，纵坐标是正数；

如果点位于第Ⅲ象限：它的横坐标是负数，纵坐标也是负数；

如果点位于第Ⅳ象限：它的横坐标是正数，纵坐标是负数.

如果点在 x 轴上，则它的横坐标是 0，也称点位于 x 轴；

如果点在 y 轴上，则它的纵坐标是 0，也称点位于 y 轴.

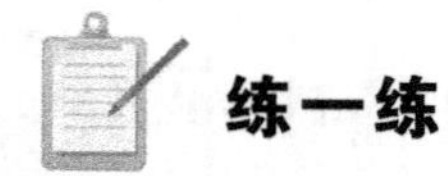

练一练

（一）在数轴上表示下列有理数.

1.5，-2，2，$\frac{9}{2}$，$-\frac{2}{3}$，-0.5.

（二）数轴上 A、B、C、D、E 点表示什么数?

C B A E D
−4 −3 −2 −1 O 1 2 3 4 5 x

（三）填空

-1.6 是______的相反数，______的相反数是 0.3.

若 a 是负数，则 $-a$ 是______数；若 $-a$ 是正数，则 a 是______数.

（四）求下列各数的绝对值，并读出结果.

-19，$+2.3$，0，$-\frac{8}{9}$.

（五）判断

1. 正数的绝对值是正数； （ ）
2. 负数的绝对值是负数； （ ）
3. 绝对值最小的数是零； （ ）
4. -7 的绝对值和 $+7$ 的绝对值互为相反数. （ ）

（六）填空

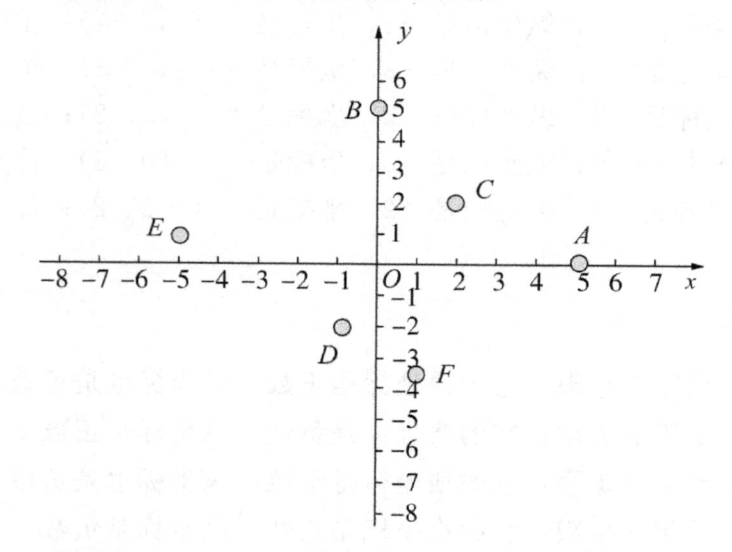

1. A 点的横坐标是______，纵坐标是______，坐标是______；位于______.
2. B 点的______坐标是 0，______坐标是 5，坐标是______；位于______.
3. C 点的横坐标是______，纵坐标是______，坐标是______；位于______.
4. D 点的______坐标是 -1，______坐标是 -2，坐标是______；位于______.

5. E 点的横坐标是______，纵坐标是_______，坐标是______；位于_____.

6. F 点的______坐标是 1，_____坐标是－3.5，坐标是______；位于_____.

想一想

点的横坐标是正数，纵坐标是 0，称点位于 x 轴的正半轴；

点的横坐标是负数，纵坐标是 0，称点位于 x 轴的负半轴；

如果点的横坐标是 0，纵坐标是正数呢？是负数呢？

2.3.2　点的对称性

认一认

距离公式	jùlí gōngshì	distance formula
对称	duìchèn	symmetry
对称轴	duìchènzhóu	axis of symmetry
对称点	duìchèndiǎn	symmetry point

学一学

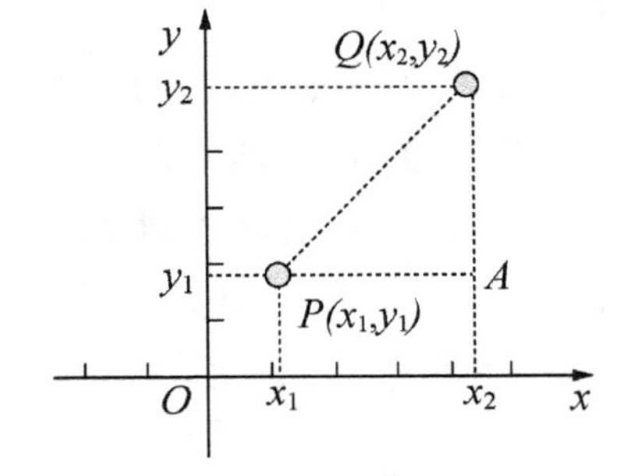

AP 两点的距离 $|AP|=|x_2-x_1|$；

AQ 两点的距离 $|AQ|=|y_2-y_1|$；

PQ 两点的距离

$|PQ|=\sqrt{(x_2-x_1)^2+(y_2-y_1)^2}$.

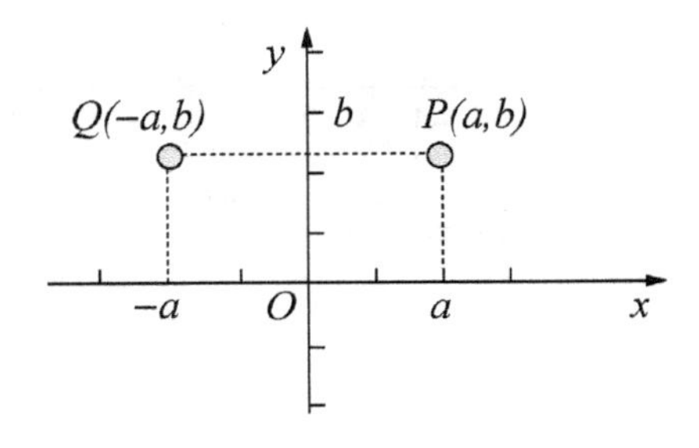

P 和 Q 到 y 轴的距离相同，

称 P 和 Q 关于 y 轴对称；

y 轴称为对称轴.

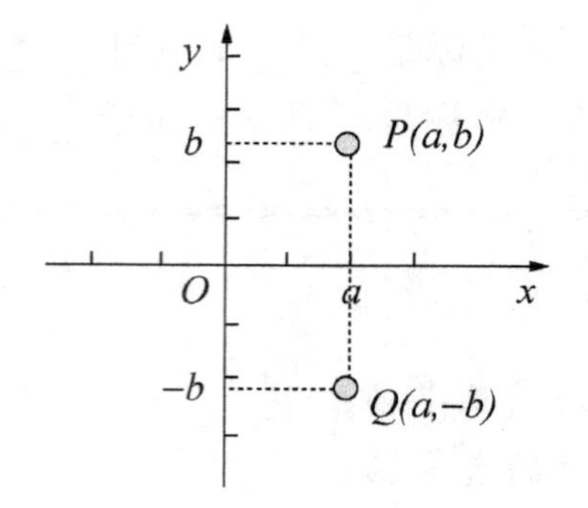

P 和 Q 到 x 轴的距离相同，
称 P 和 Q 关于 x 轴对称；
x 轴称为对称轴.

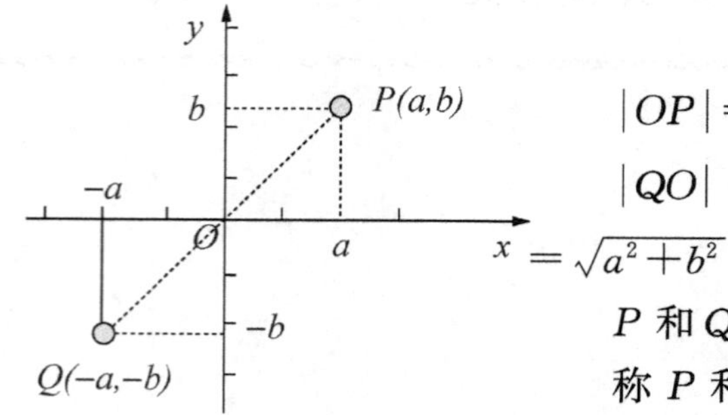

$|OP|=\sqrt{(a-0)^2+(b-0)^2}=\sqrt{a^2+b^2}$

$|QO|=\sqrt{(-a-0)^2+(-b-0)^2}=\sqrt{a^2+b^2}$

P 和 Q 到原点的距离相同，
称 P 和 Q 关于原点对称.

 **例 1** 已知点 A 的横坐标为 2，纵坐标为 -1；点 B 的横坐标为 0，纵坐标为 4，求 AB 两点的距离.

解： $|AB|=\sqrt{(2-0)^2+(-1-4)^2}=\sqrt{29}$.

 **例 2** 已知点 A (3，2)，求：

1. 点 A 关于 x 轴的对称点；
2. 点 A 关于 y 轴的对称点；
3. 点 A 关于原点的对称点；
4. 在坐标系中画出各点.

解：

1. 点 A 关于 x 轴的对称点是 C (3，-2)；
2. 点 A 关于 y 轴的对称点是 B (-3，2)；
3. 点 A 关于原点的对称点是 D (-3，-2)；
4.

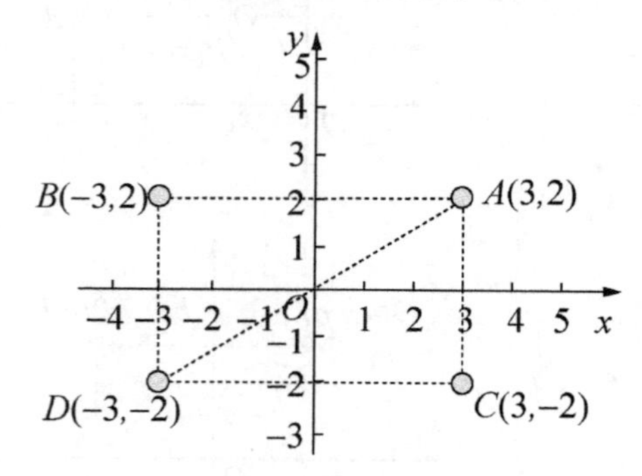

读一读

点的对称性条件

对称性分类	横坐标	纵坐标	例
关于 x 轴对称	相同	互为相反数	P（a，b）和 Q（a，$-b$）
关于 y 轴对称	互为相反数	相同	P（a，b）和 Q（$-a$，b）
关于原点对称	互为相反数	互为相反数	P（a，b）和 Q（$-a$，$-b$）

练一练

求坐标系中各点关于 x 轴、y 轴和原点的对称点.

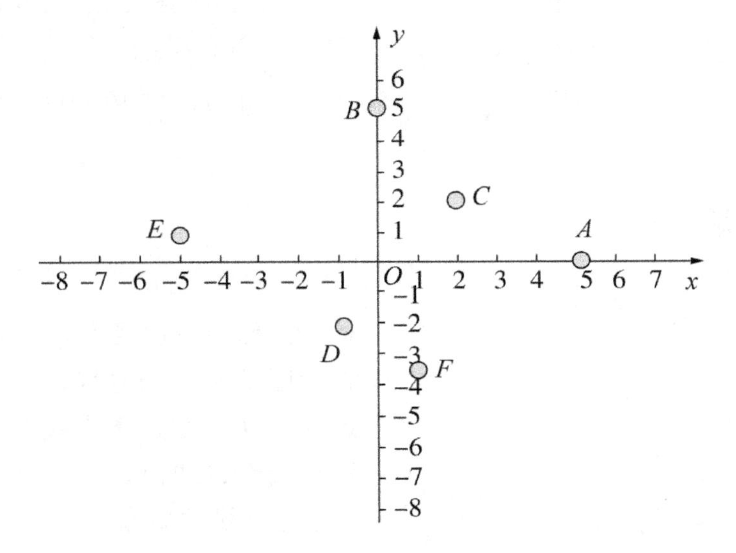

想一想

1. 原点关于 x 轴的对称点是什么？
2. （4，0）关于原点和 y 轴的对称点是什么？

2.4 一次函数

认一认

一次函数	yīcì hánshù	linear function
图像	túxiàng	graph
斜率	xiélǜ	slope
截距	jiéjù	intercept
平行	píngxíng	parallel
平移	píngyí	parallel translation
相交	xiāngjiāo	intersect
交点	jiāodiǎn	point of intersection

学一学

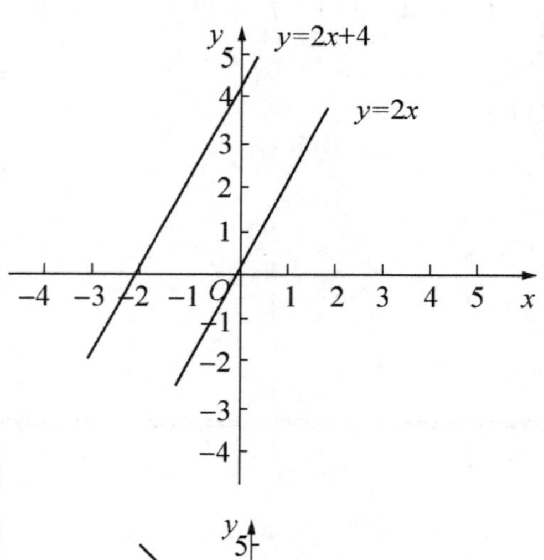

$y=2x$ 称为一次函数，
它的图像是一条直线；
点（0，0）在这条直线上，
称直线经过原点；
2 称为直线的斜率.
$y=2x$ 和 $y=2x+4$ 斜率相同，
这两条直线平行.

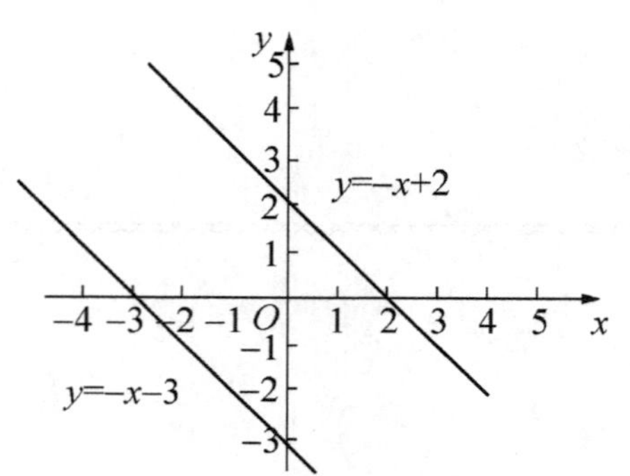

直线 $y=-x+2$ 的斜率是 -1，
$+2$ 称为直线的截距；
向下平移 5 个单位，得到
$y=-x-3$；
这两条直线平行.

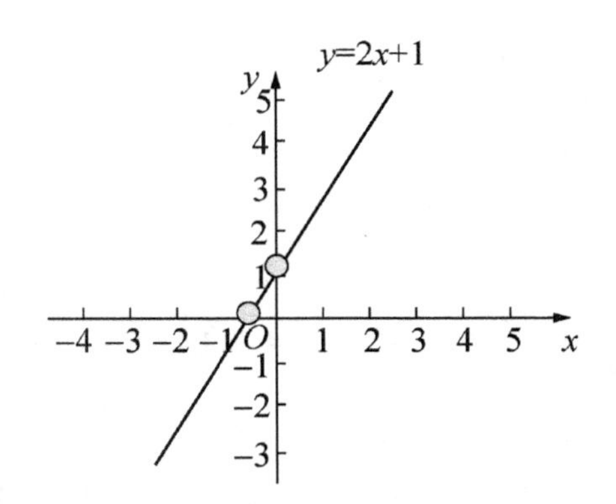

$y=2x+1$ 的斜率是 2，截距是 1.
当 $x=0$ 时，$y=1$，
点 (0，1) 在直线 $y=2x+1$ 上，
也在 y 轴上，
(0，1) 是 y 轴和直线共同的点，
称为交点；
$y=2x+1$ 和 x 轴的交点是 $\left(-\frac{1}{2},\ 0\right)$.

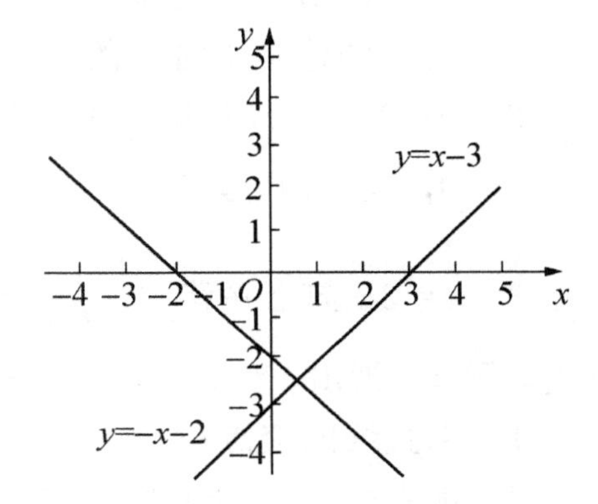

$y=x-3$ 与 $y=-x-2$ 的图像有一个共同的点，称为交点；
有交点的两条直线称为相交；
$y=x-3$ 与 $y=-x-2$ 的图像相交，
交点的坐标是 $\left(\frac{1}{2},\ -\frac{5}{2}\right)$.

$y=kx+b$ ($k\neq 0$) 称为一次函数；
点 (x，$kx+b$) 的全体是一条直线，
叫作一次函数 $y=kx+b$ 的图像.
若直线的斜率相同，则这两条直线平行；
若直线的斜率不同，则这两条直线相交.

例 1　画出 $y=3x$ 和 $y=3x+2$ 的图像，并填空.

1. $y=3x$ 经过第______象限；
   当 x 的值为 0 时，y 的值为______；
   当 x 的值为 1 时，y 的值为______.
2. $y=3x+2$ 经过第______象限；
   当 $x=0$ 时，$y=$______；当 $y=0$ 时，$x=$______.
3. $y=3x$ 向上平移______个单位，得到 $y=3x+2$.

解：

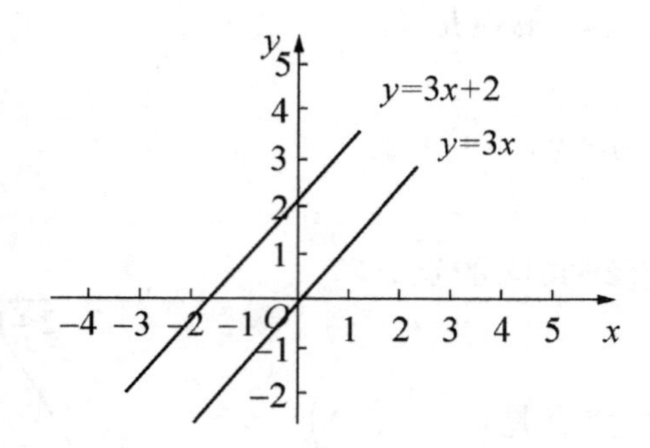

1．$y=3x$ 经过第 $\underline{\text{ Ⅰ，Ⅲ }}$ 象限；

当 x 的值是 0 时 y 的值是 $\underline{\ 0\ }$；

当 x 的值是 1 时 y 的值是 $\underline{\ 3\ }$.

2．$y=3x+2$ 经过第 $\underline{\text{ Ⅰ，Ⅱ，Ⅲ }}$ 象限；

当 $x=0$ 时 $y=\underline{\ 3\ }$；当 $y=0$ 时 $x=\underline{\ -\frac{2}{3}\ }$.

3．$y=3x$ 向上平移 $\underline{\ 2\ }$ 个单位时是 $y=3x+2$.

例 2　画出 $y=2x$ 和 $y=x+1$ 的图像，完成下列各题.

1．求直线的交点；

2．求直线 $y=x+1$ 和 x 轴、y 轴的交点.

解：

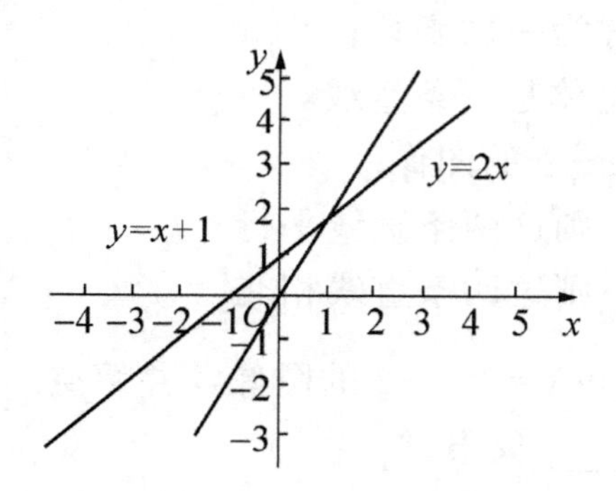

1．由 $2x=x+1$，得 $x=1$，

把 $x=1$ 代入 $y=2x$，得 $y=2$；因此直线的交点是 $(1, 2)$.

2．当 $x=0$ 时，$y=1$，则

直线 $y=x+1$ 和 y 轴的交点是 $(0, 1)$；

当 $y=0$ 时，$x=-1$，则

直线 $y=x+1$ 和 x 轴的交点是 $(-1, 0)$.

读一读

直线 $y=kx$

原点（0，0）在直线上，则直线经过原点；

若斜率 $k>0$，则直线经过第Ⅰ和第Ⅲ象限；

若斜率 $k<0$，则直线经过第Ⅱ和第Ⅳ象限；

若 $b>0$：向上平移 b 个单位，得到 $y=kx+b$；

若向下平移 b 个单位，得到 $y=kx-b$.

直线 $y=kx+b$ 的斜率为 $k\neq0$，截距为 b；

与 x 轴的交点是 $\left(-\frac{b}{k},\ 0\right)$，与 y 轴的交点是（0，b）；

直线 $y=k_1x+b_1$ 与 $y=k_2x+b_2$（$k_1\neq k_2$）的交点为 $\left(\frac{b_2-b_1}{k_1-k_2},\ \frac{k_1b_2-k_2b_1}{k_1-k_2}\right)$.

练一练

（一）画出一次函数的图像，求直线和坐标轴的交点.

1. $y=4x$；　　2. $y=4x+1$；

3. $y=-4x+1$；　　4. $y=-4x-1$.

（二）画出下列一次函数的图像，并判断直线是平行还是相交.

1. $y=-x$ 和 $y=-x+1$；　　2. $y=3x$ 和 $y=-2x+1$.

（三）回答下列问题.

1. 如果 $b>0$，$y=x+b$ 的图像经过哪些象限？
2. 如果 $b<0$，$y=-x+b$ 的图像经过哪些象限？
3. 如果 $k>0$，$y=kx+1$ 的图像经过哪些象限？
4. 如果 $k<0$，$y=kx+1$ 的图像经过哪些象限？

想一想

1. 直线 $y=kx$，若 $k>0$，x 越来越大时，y 是越来越大吗？
   若 $k<0$，x 越来越大时，y 也是越来越大吗？
2. $y=kx+b$，若 $k>0$，$b>0$ 经过哪几个象限？
   当 $k>0$，$b<0$ 经过哪几个象限？
   $k<0$，$b>0$ 呢？$k<0$，$b<0$ 呢？

2.5 二次函数

认一认

二次函数	èrcì hánshù	quadratic function
抛物线	pāowùxiàn	parabola
顶点	dǐngdiǎn	summit
左侧	zǔocè	left
右侧	yòucè	right
增大	zēngdà	increase
减小	jiǎnxiǎo	reduce
最大值	zuìdàzhí	maximum value
最小值	zuìxiǎozhí	minimum value

学一学

(一) 顶点为原点的二次函数

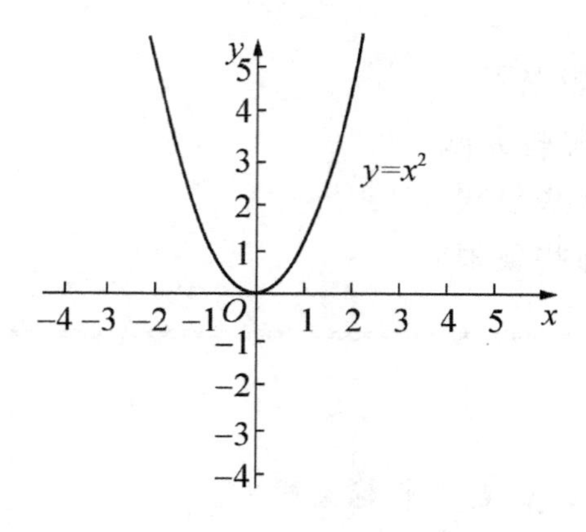

$y=x^2$ 称为二次函数，
二次函数的图像称为抛物线；
$y=x^2$ 的图像在 x 轴上方，
开口向上；
$y=x^2$ 的图像关于 y 轴对称，
y 轴称为对称轴；
对称轴和 y 轴的交点称为顶点，
$y=x^2$ 的顶点是 (0，0)，
在顶点处 y 有最小值.

$y=-x^2$ 也是二次函数.
$y=-x^2$ 的图像在 x 轴下方，
开口向下；
在 y 轴左侧，x 增大，y 增大；
在 y 轴右侧，x 增大，y 减小；
顶点是 (0，0)，
在顶点处 y 有最大值.

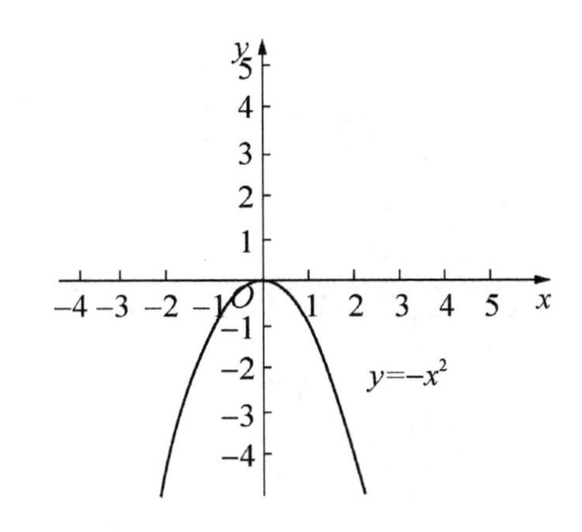

(二) 抛物线的平移

$y=x^2$ 的图像向右平移 3 个单位，
得到抛物线 $y=(x-3)^2$；
$y=(x-3)^2$ 图像的顶点为 (3，0)，
对称轴为直线 $x=3$.

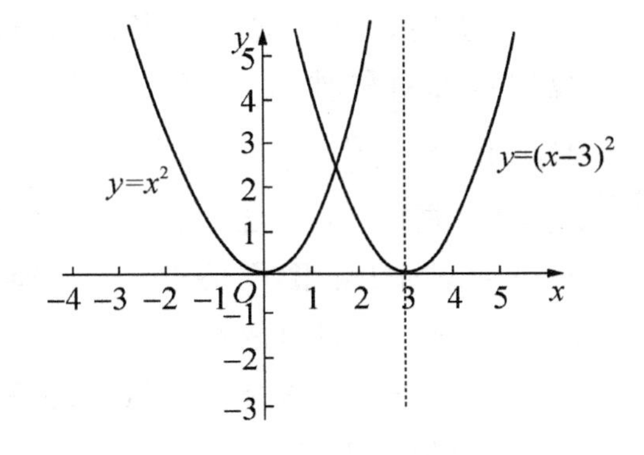

$y=(x-3)^2$ 图像向上平移 2 个单位，
得到 $y=(x-3)^2+2$；
$y=(x-3)^2+2$ 图像在 x 轴上方，
顶点为 (3，2)，
对称轴为直线 $x=3$.

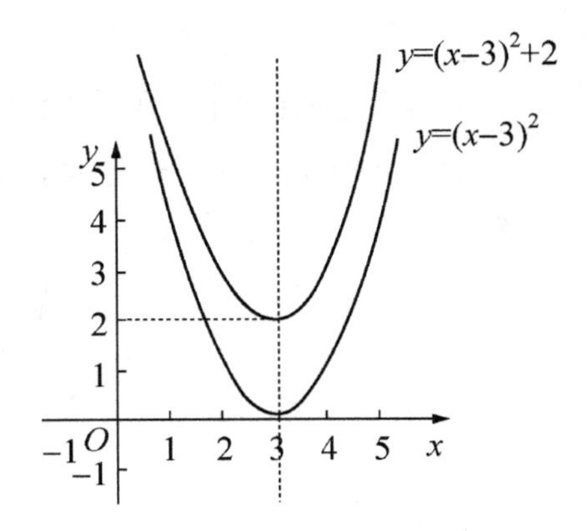

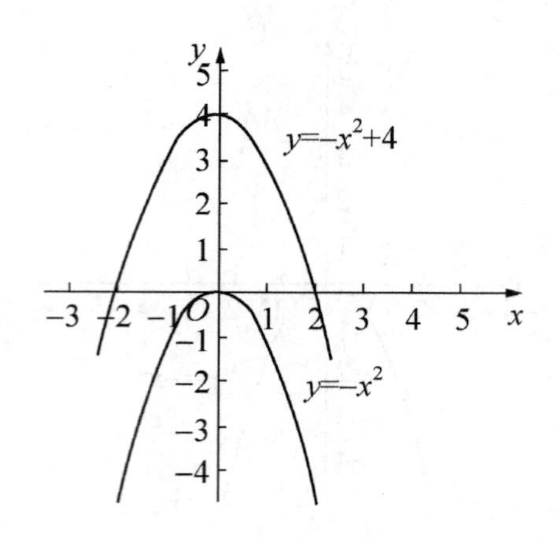

$y=-x^2$ 的图像向上平移 4 个单位，得到 $y=-x^2+4$；
$y=-x^2+4$ 图像的对称轴是 y 轴，抛物线的顶点为（0，4）；
和 x 轴的交点为（−2，0），（2，0）.

$y=ax^2+bx+c=a(x-h)^2+k$（$a\neq0$）称为二次函数；
二次函数的图像叫作抛物线.
当 $a>0$ 时，开口向上；当 $a<0$ 时，开口向下；
抛物线的对称轴是 $x=h$；
顶点是（h，k）.

例 1 画出 $y=-2x^2$ 和 $y=x^2+1$ 的图像，并完成下列填空.

1. $y=x^2+1$ 的图像关于______轴对称，______轴称为对称轴；
   $y=x^2+1$ 的图像在 x 轴______方，开口向______；
   $y=x^2+1$ 的图像在 y 轴的左侧，x 增大，y ______；
   在 y 轴的右侧，x 增大，y ______.
2. $y=-2x^2$ 的图像的顶点坐标是______.
   $y=-2x^2$ 的图像在 x 轴______方，开口向______；
   $y=-2x^2$ 的图像在 y 轴的左侧，x 增大，y ______；
   在 y 轴的右侧，x 增大，y ______.

解：

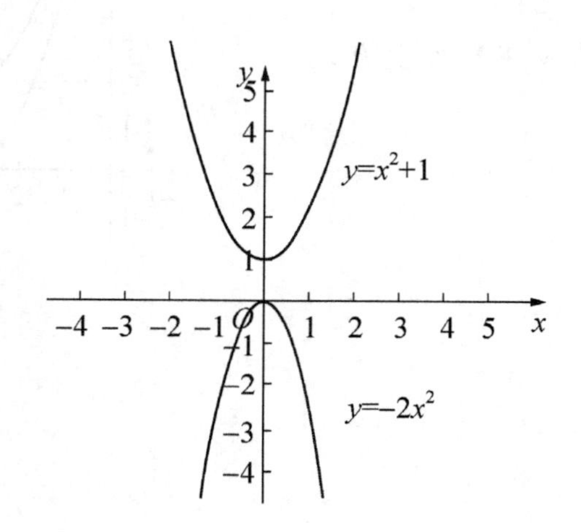

1. $y=x^2+1$ 的图像关于＿y＿轴对称，＿y＿轴称为对称轴；
 $y=x^2+1$ 的图像在 x 轴＿上＿方，开口向＿上＿；
 $y=x^2+1$ 的图像在 y 轴的左侧，x 增大，y＿减小＿；
 在 y 轴的右侧，x 增大，y＿增大＿.
2. $y=-2x^2$ 的图像的顶点坐标是＿(0，0)＿.
 $y=-2x^2$ 的图像在 x 轴＿下＿方，开口向＿下＿；
 $y=-2x^2$ 的图像在 y 轴的左侧，x 增大，y＿增大＿；
 在 y 轴的右侧，x 增大，y＿减小＿.

例 2 画出 $y=3x^2$，$y=3(x-1)^2$，$y=3(x-1)^2+2$ 的图像；写出各自的顶点和对称轴；并说出它们的关系.

解：

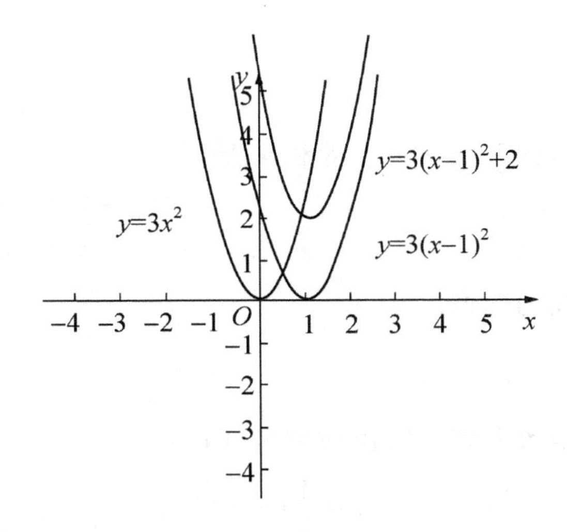

1. 图像见上图.
2. $y=3x^2$ 的图像的顶点为 (0，0)，对称轴为 y 轴；
 $y=3(x-1)^2$ 的图像的顶点为 (1，0) 对称轴为 $x=1$；
 $y=3(x-1)^2+2$ 的图像的顶点为 (1，2)，对称轴为 $x=1$.
3. $y=3x^2$ 的图像向右平移 1 个单位，得到 $y=3(x-1)^2$；
 $y=3(x-1)^2$ 的图像向上平移 2 个单位，得到 $y=3(x-1)^2+2$.

读一读

怎样用配方法求抛物线
$y=ax^2+bx+c$
的顶点和对称轴？

$$\begin{aligned} y=ax^2+bx+c(a\neq 0)&=a\left(x^2+\frac{b}{a}x+\frac{c}{a}\right)\\ &=a\left[x^2+\frac{b}{a}x+\left(\frac{b}{2a}\right)^2-\left(\frac{b}{2a}\right)^2+\frac{c}{a}\right]\\ &=a\left[x^2+\frac{b}{a}x+\left(\frac{b}{2a}\right)^2\right]+c-\frac{b^2}{4a}\\ &=a\left(x+\frac{b}{2a}\right)^2+c-\frac{b^2}{4a}\\ &=a\left(x+\frac{b}{2a}\right)^2+\frac{4ac-b^2}{4a}\end{aligned}$$

对称轴是 $x=-\dfrac{b}{2a}$，顶点坐标是 $\left(-\dfrac{b}{2a},\dfrac{4ac-b^2}{4a}\right)$.

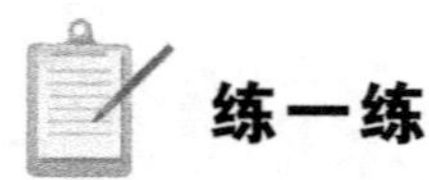

练一练

（一）说出下列抛物线的开口方向、对称轴及顶点.

1. $y=2(x+3)^2+5$；　　2. $y=-3(x-1)^2-2$；

3. $y=4(x-3)^2+7$；　　4. $y=-5(x+2)^2-6$.

（二）画出下列抛物线的图像.

$y=3x^2$，$y=-3x^2$，$y=\dfrac{1}{3}x^2$.

（三）画出下列二次函数图像，写出对称轴和顶点.

1. $y=\dfrac{1}{2}x^2$，$y=\dfrac{1}{2}(x+2)^2$，$y=\dfrac{1}{2}(x-2)^2$；

2. $y=\dfrac{1}{3}x^2+3$，$y=\dfrac{1}{3}x^2-2$；

3. $y=-\dfrac{1}{4}(x+2)^2$，$y=-\dfrac{1}{4}(x-1)^2$；

4. $y=\dfrac{1}{2}(x+2)^2-2$，$y=\dfrac{1}{2}(x+2)^2+2$.

（四）完成下列各题.

1. 画出 $y=x^2-4x+3$ 的图像；

2. x 等于多少时，y 等于 0；

3. 求抛物线和坐标轴的交点.

（五）用函数图像求方程的解.

1. $x^2-3x+2=0$；　　2. $-x^2-6x-9=0$；

3. $x^2+x+2=0$；　　4. $1-x-2x^2=0$.

想一想

抛物线的方程是 $y=ax^2+bx+c$ $(a\neq 0)$.

1. 抛物线和 x 轴的交点有几个？
   交点的纵坐标是多少？
2. 抛物线和 y 轴的交点有几个？
   交点的横坐标是多少？
3. 还有什么方法求 $ax^2+bx+c=0$ 的解？

第三章　集合与不等式

3.1 集　　合

3.1.1 集合与元素

认一认

集合	jíhé	set
元素	yuánsù	element
属于	shǔyú	belong to
不属于	bùshǔyú	not belong to

学一学

三只橘子是一个集合，记作 $A=\{1, 2, 3\}$，其中 1，2，3 称为元素；
1 是 A 中的元素，记为 $1\in A$；读作 1 属于 A.

一堆水果是一个集合，记为 $B=\{$一堆水果$\}$；
橘子 1 不是 B 中的元素，记为 $1\notin B$；读作 1 不属于 B.

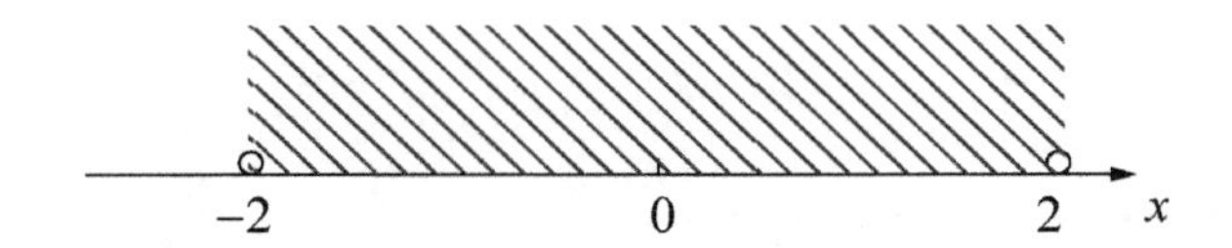

比-2大比2小的全体实数也是一个集合，

记为$\{x|-2<x<2\}$；读作　x大于-2，小于2.

集合里有无数个元素.

一些对象放在一起称为集合，每个对象称为元素.

集合用大写的A，B，C，…表示，

元素用小写的a，b，c，…表示.

如果a是集合A的元素，记为$a\in A$；读作a属于A；

如果a不是集合A的元素，记为$a\notin A$；读作a不属于A.

元素由数组成的集合称为数集.

自然数的全体称为自然数集，记为$\mathbf{N}$；

整数的全体称为整数集，记为$\mathbf{Z}$；

正整数的全体称为正整数集，记为$\mathbf{Z}^+$；

有理数的全体称为有理数集，记为$\mathbf{Q}$；

实数的全体称为实数集，记为$\mathbf{R}$.

 **例 1**　$\{1, 2, 1\}$是集合吗？

解： 不是；集合的元素不能重复，应写为$\{1, 2\}$.

例 2　集合$\{1, 2, 3\}$和集合$\{1, 3, 2\}$相同吗？

解： 相同；集合的元素没有顺序.

读一读

$2\in\mathbf{N}$　　$-2\in\mathbf{Z}$　　$2.5\in\mathbf{Q}$　　$\sqrt{7}\in\mathbf{R}$

$\mathbf{Q}\notin\mathbf{Z}^+$　　$-2\notin\mathbf{N}$　　$2.5\notin\mathbf{Z}$　　$\sqrt{7}\notin\mathbf{Q}$

$x\leqslant 3$　　$x>1$　　$1<x\leqslant 3$

$x\geqslant\frac{1}{2}$　　$x<\sqrt{5}$　　$\frac{1}{2}\leqslant x<\sqrt{5}$

$\{x\in\mathbf{N}|1<x<6\}$　　$\{x\in\mathbf{R}|1<x<6\}$

$\{x\in\mathbf{N}|1\leqslant x\leqslant 6\}$　　$\{x\in\mathbf{R}|1\leqslant x\leqslant 6\}$

练一练

用"属于"、"不属于"完成下列填空.

1. 设 $B=\{1, 2, 3, 4, 5\}$，则 5 __ B，0.5 __ B，3 __ B，-1 __ B；
2. 0 ____ $\mathbf{N}$，0 ____ $\mathbf{Z}$，0 ____ $\mathbf{Q}$，0 ____ $\mathbf{R}$，
   3.7 ____ $\mathbf{N}$，3.7 ____ $\mathbf{Z}$，3.7 ____ $\mathbf{Q}$，3.7 ____ $\mathbf{R}$，
   $-\sqrt{3}$ ____ $\mathbf{N}$，$-\sqrt{3}$ ____ $\mathbf{Z}$，$-\sqrt{3}$ ____ $\mathbf{Q}$，$-\sqrt{3}$ ____ $\mathbf{R}$，
   $\sqrt{3}-\sqrt{2}$ ____ $\mathbf{N}$，$\sqrt{3}-\sqrt{2}$ ____ $\mathbf{Z}$，$\sqrt{3}-\sqrt{2}$ ____ $\mathbf{Q}$，$\sqrt{3}-\sqrt{2}$ ____ $\mathbf{R}$；
3. 若 $A=\{x \mid x^2=x\}$，则 -1 ____ A；
4. 若 $B=\{x \mid x^2+x-6=0\}$，则 3 ____ B；
5. 若 $C=\{x\in\mathbf{N} \mid 1\leqslant x\leqslant 10\}$，则 8 ____ C，9.1 ____ C；
6. a ____ $\{a, b, c\}$，　0 ____ $\{x \mid x^2=0\}$，
   0 ____ $\{x\in\mathbf{R} \mid x^2+1=0\}$，　1 ____ $\{x \mid x^2=x\}$.

想一想

1. 自然数集、整数集、有理数集、实数集中的元素有多少个？
2. $\mathbf{R}^+$，$\mathbf{Q}^+$，$\mathbf{R}^-$，$\mathbf{Q}^-$，$\mathbf{Z}^-$ 是什么集合？

3.1.2 集合的分类

认一认

有限集	yǒuxiànjí	finite set
无限集	wúxiànjí	infinite set
空集	kōngjí	empty set
设	shè	assume
描述法	miáoshùfǎ	description
列举法	lièjǔfǎ	listing

学一学

含有有限个元素的集合叫作有限集；

含有无限个元素的集合叫作无限集；

元素个数为零的集合称为空集，记为$\varnothing$.

空集是有限集.

例 1　写出小于 3 的自然数集合.

解：小于 3 的自然数有 3 个，是“0”“1”“2”，集合记为 $A=\{0，1，2\}$；集合 A 含有三个元素，称为有限集.

例 2　写出小于 3 的整数集合.

解：小于 3 的整数集合记为 $B=\{2，1，0，-1，-2，-3，\cdots\}$；集合 B 含有无数个元素，称为无限集.

例 3　设 C 是大于 4 的负整数的全体，回答下列问题.

1. 集合有几个元素？
2. 集合是有限集，还是无限集？

解：1. 没有大于 4 的负整数，所以元素个数是零；

2. 这个集合是空集，是有限集.

例 4　设 A 是绝对值小于 2 的实数全体，回答下列问题.

1. 集合有几个元素？
2. 集合是有限集，还是无限集？
3. 怎么表示这个集合？
4. 2 和 -2 属于这个集合吗？

解：1. 这个集合有无数个元素；

2. 是无限集；
3. $\{x\in\mathbf{R}\mid |x|<2\}$；
4. 2 和 -2 都不属于这个集合.

读一读

表示集合常用的方法

列举法设 A 是大于等于 4 小于 8 的正整数，则 $A=\{4，5，6，7\}$；

描述法设 A 是大于等于 4 小于 8 的正整数，则 $A=\{x\in\mathbf{N}\mid 4\leqslant x<8\}$.

练一练

（一）用列举法或描述法表示下列集合，并指出哪个是有限集，哪个是无限集.

1. 大于 0 的所有奇数；
2. 4 的平方根的集合；
3. －5 的平方根的集合；
4. 5 的平方的集合；
5. 9 的立方的全体；
6. 大于 3 的负数的全体；
7. 全体自然数的相反数；
8. 大于等于 3 的实数集合；
9. 绝对值小于 3 的实数集合；
10. 绝对值小于－3 的实数集合.

（二）在数轴上画出上题中的（8）和（9）.

（三）用列举法或描述法表示集合.

1. 由方程 $x^2-9=0$ 的实数根组成的集合；
2. 一次函数 $y=x+3$ 与 $y=-2x+6$ 的交点.

想一想

1. 什么样的集合适合用描述法？什么样的集合适合用例举法？
2. 用描述法表示奇数集合和偶数集合.
3. 说出一个空集，把它表示出来.
4. “空集属于自然数集”对不对？

3.1.3　区间

认一认

开区间	kāiqūjiān	open interval
闭区间	bìqūjiān	closed interval
端点	duāndiǎn	extreme point

正无穷	zhèngwúqióng	positive infinity
负无穷	fùwúqióng	negative infinity

学一学

设 a，b 是两个实数，a 小于 b.

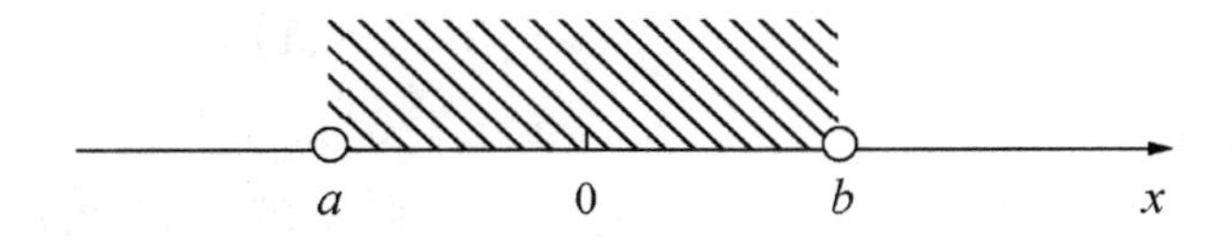

$(a,\ b)=\{x\in \mathbf{R} \mid a<x<b\}$

读作　a 到 b 的开区间；a，b 称为区间的端点；开区间的端点不属于这个集合.

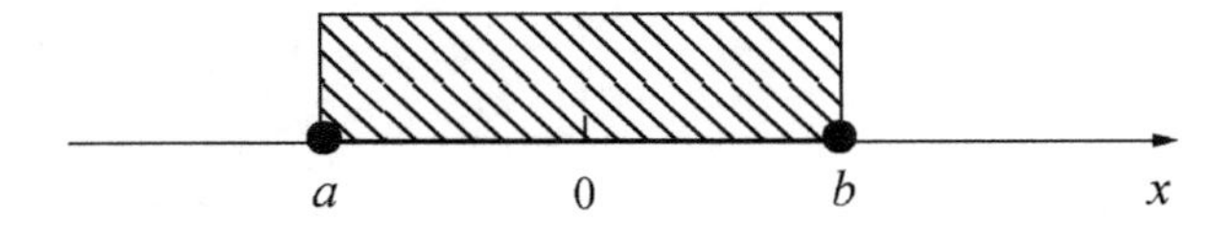

$[a,\ b]=\{x\in \mathbf{R} \mid a\leqslant x\leqslant b\}$

读作　a 到 b 的闭区间；闭区间的端点都属于这个集合.

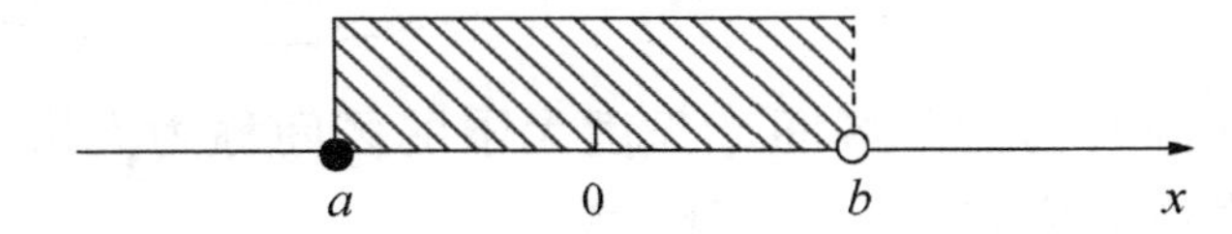

$[a,\ b)=\{x\in \mathbf{R} \mid a\leqslant x<b\}$

读作　a 到 b 的左闭右开区间.

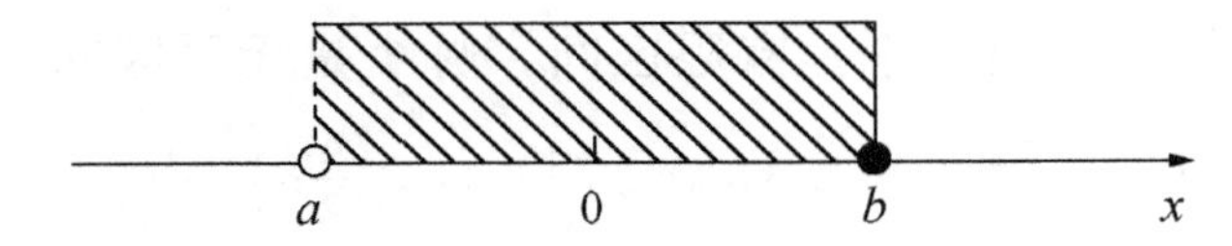

$(a,\ b]=\{x\in \mathbf{R} \mid a<x\leqslant b\}$

读作　a 到 b 的左开右闭区间；$|b-a|$ 称为区间的长度.

$[a,\ +\infty)=\{x\in \mathbf{R} \mid x\geqslant a\}$

读作　a 到正无穷的闭区间.

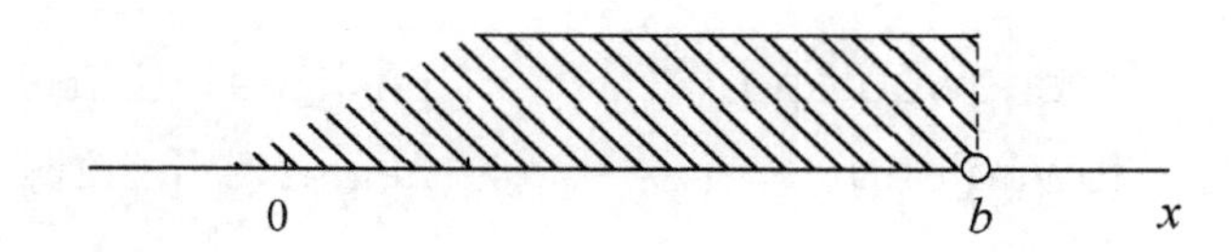

$(-\infty,\ b)=\{x\in\mathbf{R}\mid x<b\}$

读作　负无穷到 b 的开区间.

例 1　用区间表示下列集合，并读出区间名称.

1. $\{x\mid 0<x<1\}$；　　2. $\{x\mid 0\leqslant x<1\}$；

3. $\{x\mid x\leqslant 1\}$；　　4. $\{x\mid x>0\}$.

解：1. $(0,\ 1)=\{x\mid 0<x<1\}$　读作　0 到 1 的开区间；

2. $[0,\ 1)=\{x\mid 0\leqslant x<1\}$　读作　0 到 1 的半闭半开区间；

3. $(-\infty,\ 1]=\{x\mid x\leqslant 1\}$　读作　负无穷到 1 的闭区间；

4. $(0,\ +\infty)=\{x\mid x>0\}$　读作　0 到正无穷的开区间.

读一读

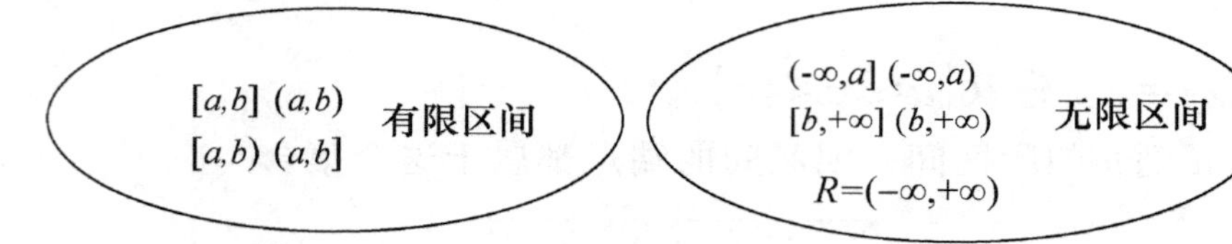

长度有限的区间称为有限区间；长度无限的区间称为无限区间；区间里的元素有无限多个，是无限集.

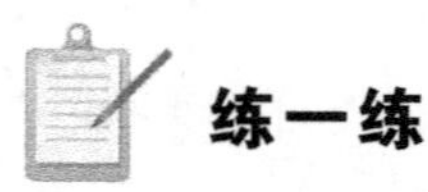

练一练

（一）读出下列区间，指出哪个是有限区间，哪个是无限区间？

$(\sqrt{2},\ 2.6)$，$\left[0,\ \frac{5}{4}\right)$，$[-0.6,\ 0.97]$，$\left(\mathrm{e},\ \frac{4}{3}\mathrm{e}\right)^{*}$；

$\left(\frac{1}{2},\ +\infty\right)$，$[3,\ +\infty)$，$(-\infty,\ \pi)$，$(-\infty,\ +\infty)$.

（二）用区间表示下列集合.

1. 绝对值小于 3 的实数全体；
2. 大于 3 小于等于 5 的全体实数；
3. 大于等于 5 的正实数.

* e 为自然对数的底，是常数，e=2.718281828459…，详见本书第 4.5 节（第 91 页）.

想一想

有一个元素的区间吗？

3.1.4　集合的关系

认一认

子集	zǐjí	subset
包含于	bāohányú	lie in
包含	bāohán	include
相等	xiāngděng	equal
真子集	zhēnzǐjí	proper subset
真包含于	zhēnbāohányú	being proper included
真包含	zhēnbāohán	properly including
交集	jiāojí	intersection
并集	bìngjí	union
补集	bǔjí	complementary set
全集	quánjí	universe

学一学

设 A，B 是两个集合.

若 A 的元素都是 B 的元素，

则称 A 是 B 的子集；

记为 $A\subseteq B$，读作 A 包含于 B；

或者记为 $B\supseteq A$，读作 B 包含 A.

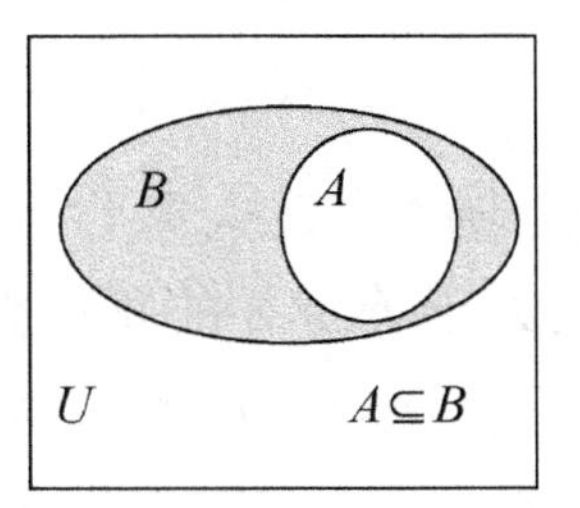

空集是任何集合的子集.

如果 A 和 B 的元素相同，则称 A 和 B 相等，

记作 $A=B$，读作　A 等于 B.

如果元素不同，记作 $A\neq B$，读作　A 不等于 B.

如果 $A\subseteq B$ 且 $A\neq B$，则称 A 是 B 的真子集；

记作 $A\subset B$，读作　A 真包含于 B；

或者记为 $B\supset A$，读作　B 真包含 A.

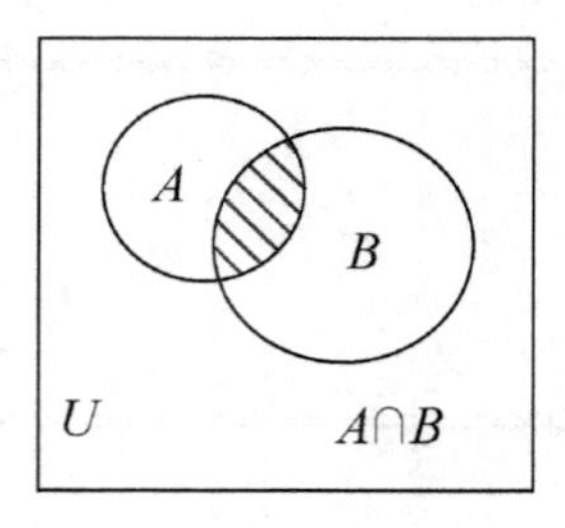

A，B 相同元素的全体称为 A，B 的交集；
记为$A\bigcap B$，读作　A 交 B；

$$A\bigcap B=\{x|x\in A \text{ 且 } x\in B\}.$$

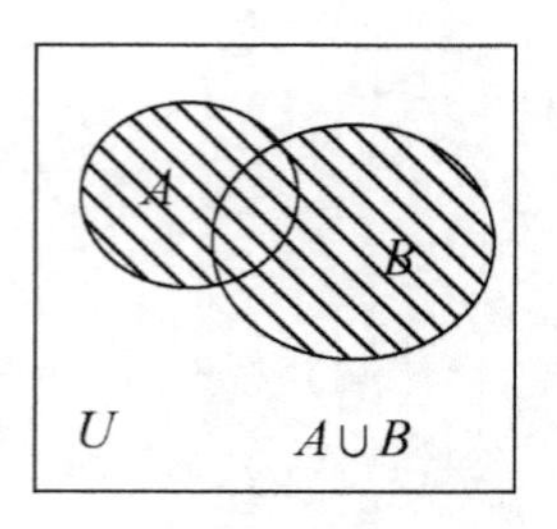

A，B 所有元素的全体称为 A，B 的并集；
记为$A\bigcup B$，读作　A 并 B；

$$A\bigcup B=\{x|x\in A \text{ 或 } x\in B\}.$$

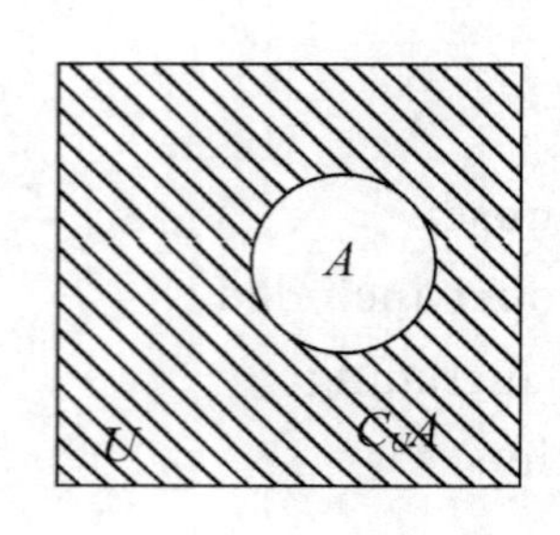

设 U 是一个集合，$A\subseteq U$.
属于 U 不属于 A 的元素全体称为 A 在 U 中的补集，
记为 C_UA；$C_UA=\{x|x\in U \text{ 且 } x\notin A\}$.
U 称为全集.

 **例 1**　设集合 $A=\{a, b\}$，回答下列问题.

1. 集合 A 有几个子集？写出它们；
2. 集合 A 有几个真子集？写出它们；
3. 真子集和子集有什么不同？

解： 1. A 有 4 个子集：$\varnothing$，$\{a\}$，$\{b\}$，$\{a, b\}$；

2. A 有 3 个真子集：$\varnothing$，$\{a\}$，$\{b\}$；

3. 子集可以和 A 相等，真子集不能和 A 相等.

例 2　设全集 $U=\{0, 1, 2, 3, 4, 5, 6\}$，$A$ 是小于 5 的自然数全体，B 是大于等于 3 的正整数，回答下列问题.

1. 求 A、B 的交集；
2. 求 A、B 在 U 的补集.

解： 1. A、B 的交集 $A\bigcap B=\{3, 4\}$；

2. A 在 U 的补集 $C_UA=\{5, 6\}$；
　B 在 U 的补集 $C_UB=\{0, 1, 2\}$.

**例 3**　设 $A=\{x\in\mathbf{R}|x\geqslant4\}$，$B=\{x\in\mathbf{R}|x<0\}$，完成下列问题.

1. 求 A、B 的交集与并集；
2. 设 $\mathbf{R}$ 是全集，求 A、B 在 $\mathbf{R}$ 的补集.

解： 1. A、B 的交集 $A\cap B=\varnothing$；

A、B 的并集 $A\cup B=\{x\in\mathbf{R}|x<0 \text{ 或 } x\geqslant4\}$；

2. A 在 $\mathbf{R}$ 的补集 $C_{\mathbf{R}}A=\{x\in\mathbf{R}|x<4\}=(4，+\infty)$；

B 在 $\mathbf{R}$ 的补集 $C_{\mathbf{R}}B=\{x\in\mathbf{R}|x\geqslant0\}=[0，+\infty)$.

**例 4**　设 $A=\{x\in\mathbf{R}|0\leqslant x<3\}$，$B=\{x\in\mathbf{R}|2<x\leqslant4\}$，求 $A\cap B$，$A\cup B$，并在数轴上分别画出这些集合.

解： $A\cap B=\{x\in\mathbf{R}|2<x<3\}=(2，3)$；

$A\cup B=\{x\in\mathbf{R}|0\leqslant x\leqslant4\}=[0，4]$.

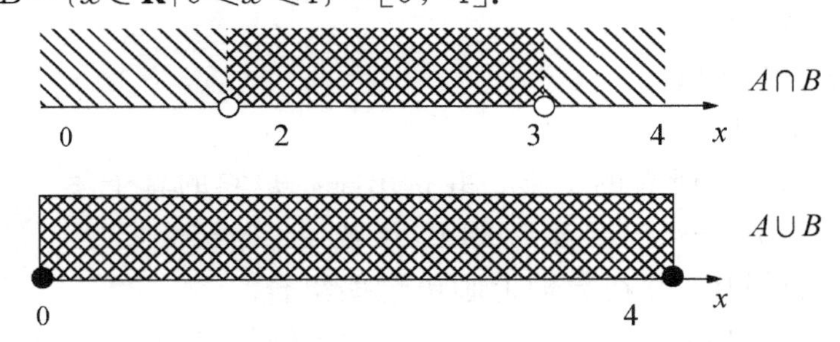

**例 5**　设 $U=\{x\in\mathbf{R}|x>0\}$，$A=\{x\in\mathbf{R}|x>4\}$，$B=\{x\in\mathbf{R}|0\leqslant x<3\}$. 求 C_UA，C_UB，并在数轴上分别画出这些集合.

解： $C_UA=\{x\in\mathbf{R}|0<x\leqslant4\}$

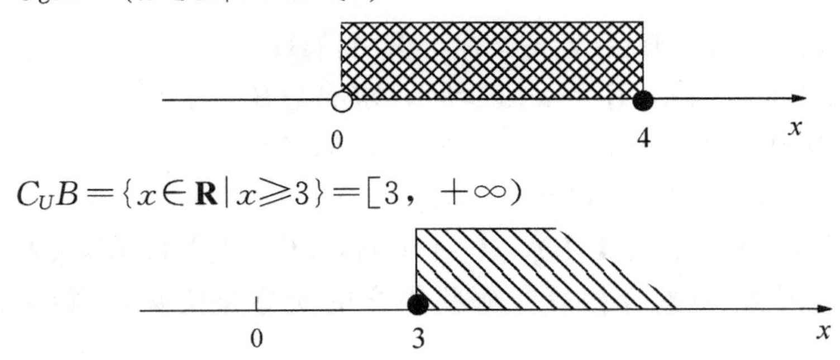

$C_UB=\{x\in\mathbf{R}|x\geqslant3\}=[3，+\infty)$

读一读

子集，空集，全集和补集

A 是 $A\cup B$ 的子集，B 是 $A\cup B$ 的子集；

$A\cap B$ 是 A 的子集，$A\cap B$ 是 B 的子集，

$A\cap B$ 也是 $A\cup B$ 的子集.

A 是全集 U 的子集，C_UA 是 U 的子集，

A 与 C_UA 的交集是空集，

A 与 C_UA 的并集是全集，

A 交 B 的补集等于 A 的补集并 B 的补集.

练一练

（一）用适当（shìdàng）的符号填空.

1. 1 ______ N，$\{1\}$ ______ N.
2. 已知集合 $A=\{x\in \mathbf{Z}^+ \mid x<3\}$，$B=\{1, 2\}$，$C=\{x\in \mathbf{N} \mid x<8\}$，则 A ______ B，A ______ C，$\{2\}$ ______ C，2 ______ C.

（二）请指出下列写法是不是正确（zhèngquè）.

1. $2\subseteq\{x \mid x\leqslant 10\}$；
2. $2\in\{x \mid x\leqslant 10\}$；
3. $\varnothing\not\subset\{x \mid x\leqslant 10\}$；
4. $\varnothing\in\{x \mid x\leqslant 10\}$.

（三）写出 $\{a, b, c\}$ 所有的子集，并指出哪些是它的真子集.

（四）设 $A=\{x \mid -1<x<8\}$，$B=\{x \mid x>4$ 或 $x<-5\}$，
求 $A\cap B$、$A\cup B$，并在数轴上画出这些集合.

（五）设 $U=\mathbf{R}$，$A=\{x \mid -1<x<2\}$，$B=\{B=\{x \mid 1<x<3\}$，
求 $A\cap B$、$A\cup B$、C_UA 和 C_UB，并在数轴上画出这些集合.

（六）设 $U=\mathbf{Z}$，$A=\{x \mid x=2k, k\in \mathbf{Z}\}$，$B=\{x \mid x=2k+1, k\in \mathbf{Z}\}$，求 C_UA 和 C_UB.

（七）1. 设 $A=\{x \mid x<5\}$，$B=\{x \mid x\geqslant 0\}$，求 $A\cap B$；
2. 设 $A=\{x \mid x\geqslant -2\}$，$B=\{x \mid x\geqslant 3\}$，求 $A\cup B$.

（八）设 $U=\{x\in \mathbf{N} \mid 0<x\leqslant 10\}$，$A=\{1, 2, 4, 5, 7\}$，
$B=\{4, 6, 7, 8, 10\}$，$C=\{3, 5, 7\}$，
求 $A\cap B$，$A\cup B$，$(C_UA)\cap(C_UB)$，$(C_UA)\cup(C_UB)$，$(A\cap B)\cap C$，$(A\cup B)\cup C$.

（九）指出下列各题中哪些集合相等？哪些集合的交集是空集？哪些集合的并集是整数集？

1. 已知 $A=\{x \mid x^2-4x-5=0\}$，$B=\{x \mid x^2=1\}$，求 $A\cup B$，$A\cap B$；
2. 设 $A=\{x \mid x$ 是小于 9 的正整数$\}$，$B=\{1, 2, 3\}$，$C=\{3, 4, 5, 6\}$，求 $A\cap B$，$A\cap C$，$A\cap(B\cup C)$，$A\cup(B\cap C)$；
3. 已知全集 $U=\{1, 2, 3, 4, 5, 6, 7\}$，$A=\{2, 4, 6\}$，$B=\{1, 3, 5, 7\}$，求 $A\cap(C_UB)$，$(C_UA)\cap(C_UB)$；
4. $A=\{x \mid x=2k, k\in \mathbf{Z}\}$，$B=\{x \mid x=2k+1, k\in \mathbf{Z}\}$，
$C=\{x \mid x=2(k+1), k\in \mathbf{Z}\}$，$D=\{x \mid x=2k-1, k\in \mathbf{Z}\}$.

想一想

1. 可以用子集来定义集合相等吗？
2. 说明“属于”和“包含于”的区别（qūbié）.
3. 空集是任何集合的真子集，对吗？
4. $\varnothing$和$\{\varnothing\}$一样吗？

3.2 不　等　式

3.2.1 一元一次不等式

认一认

不等号	bùděnghào	sign of inequality
不等式	bùděngshì	inequality
解集	jiějí	solution set
推出	tuīchū	infer to
等价	děngjià	equivalence
性质	xìngzhì	property
定理	dìnglǐ	theorem
推论	tuīlùn	corollary

学一学

“$>$”、“$<$”、“$\geqslant$”、“$\leqslant$”、“$\neq$”统称为不等号，

含有不等号的式子称为不等式.

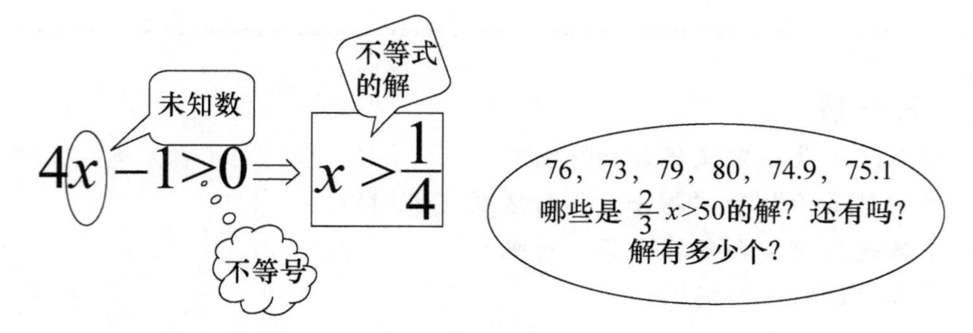

满足不等式的未知数的值称为不等式的解；
不等式的解的全体，
称为不等式解的集合，简称解集.
含有一个未知数，未知数次数是 1 的不等式称为一元一次不等式.

 **例 1** 1. $x+5$ 和 $x+7$ 哪个大？哪个小？

2. 比较 $(x+5)(x+7)$ 和 $(x+6)^2$ 的大小.

解： 1. 因为 $(x+5)-(x+7)=-2<0$，所以 $(x+5)<(x+7)$.

2. 因为 $(x+5)(x+7)-(x+6)^2$

$=x^2+12x+35-(x^2+12x+36)$

$=-1$,

所以 $(x+5)(x+7)<(x+6)^2$.

 **例 2** 解下列不等式.

1. $4x<10$；　2. $-\frac{1}{2}x\leqslant 1$；　3. $7x-2\geqslant 6x+1$；　4. $\frac{1}{3}x-2>\frac{1}{2}x$.

解： 1. 不等式 $4x<10$ 的解集为 $\left\{x\in\mathbf{R}\,|\,x<\frac{5}{2}\right\}$.

4x<10	两边同时 除以4（正数）→	$x<\frac{5}{2}$

2. 不等式 $-\frac{1}{2}x\leqslant 1$ 的解集为 $\{x\in\mathbf{R}\,|\,x\geqslant -2\}$.

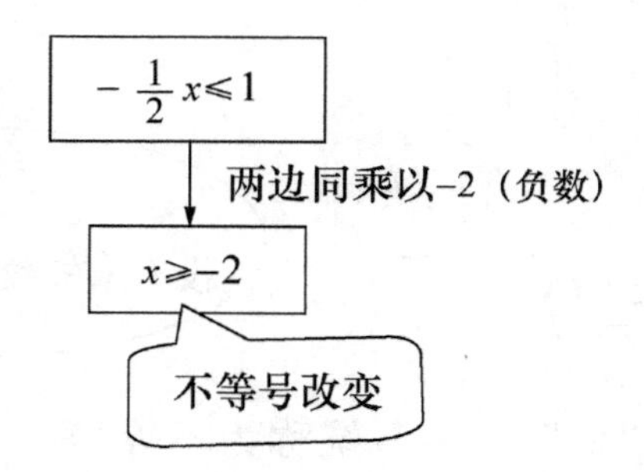

3. 不等式 $7x-2 \geqslant 6x+1$ 的解集为 $\{x \in \mathbf{R} \mid x \geqslant 3\}$.

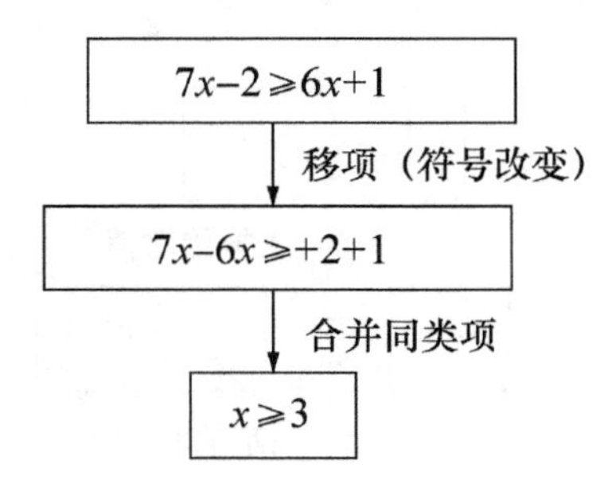

4. 不等式 $\frac{1}{3}x-2>\frac{1}{2}x$ 的解集为 $\{x \in \mathbf{R} \mid x<-12\}$.

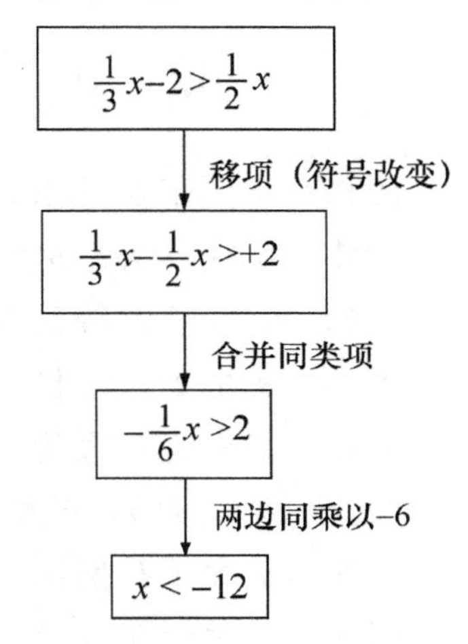

 **例 3**　解下列不等式.

1. $|x|>1$；　　2. $|x-1| \leqslant 1$；

3. $\left|x-\frac{1}{2}\right| \geqslant 1$.

解：

1. $|x|>1$ 的解集为 $\{x \mid x>1$ 或 $\{x \mid x<-1\}$，也记为 $\{x \mid x>1\} \cup \{x<-1\}=(-\infty，-1) \cup (1，+\infty)$.

2. $|x-1| \leqslant 1$ 的解集为 $\{x \mid 0 \leqslant x \leqslant 2\}=[0，2]$.

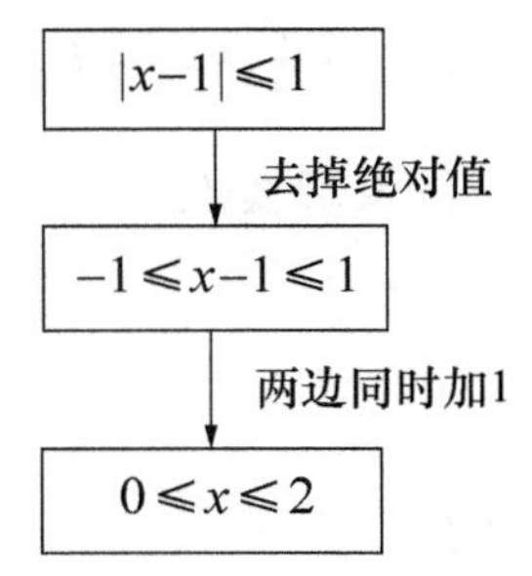

3. $\left|x-\frac{1}{2}\right|\geqslant 1$ 的解集为$\left\{x \mid x\geqslant\frac{3}{2}，或 x\leqslant-\frac{1}{2}\right\}=\left(-\infty,\ -\frac{1}{2}\right]\cup\left[\frac{3}{2},\ +\infty\right)$.

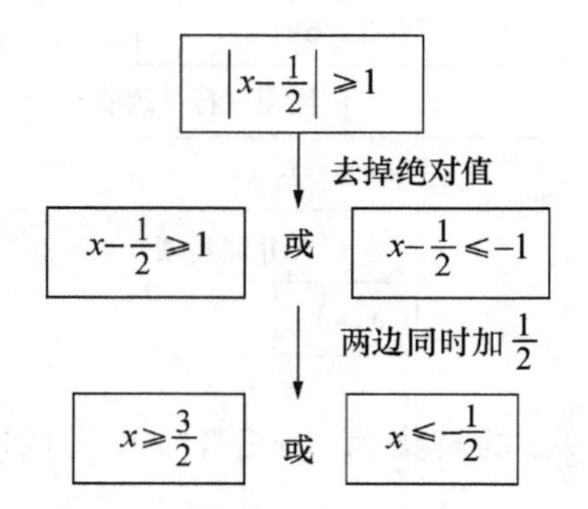

读一读

$a>b \Rightarrow a-b>0$ 读作 a 大于 b 推出 a 减（去）大于 0；

$a-b>0 \Rightarrow a>b$ 读作 a 减（去）b 大于 0 推出 a 大于 b；

$a>b \Leftrightarrow a-b>0$ 读作 a 大于 b 等价（于）a 减（去）b 大于 0；

$a<b \Leftrightarrow a-b<0$ 读作 a 小于 b 等价（于）a 减（去）b 小于 0；

$a>b \Leftrightarrow b<a$ 读作 a 大于 b 等价（于）a 小于 b；

$a>b,\ b>c \Rightarrow a>c$ 读作 a 大于 b，b 大于 c 推出 a 大于 c；

$a>b \Rightarrow a+c>b+c$ 读作 a 大于 b 推出 a 加 c 大于 b 加 c；

$a>b,\ c>d \Rightarrow a+c>b+d$ 读作 a 大于 b，c 大于 d 推出 a 加 c 大于 b 加 d.

性质 1　$a>b$，$c>0$，$\Rightarrow ac>bc$ 不等号两边同乘正数，不等号不变.

性质 2　$a>b$，$c<0$，$\Rightarrow ac<bc$ 不等号两边同乘负数，不等号改变.

性质 3　如果 $a>b>0$，那么 $a^n>b^n$，其中 $n\in\mathbf{N}$，且 $n>1$.

性质 4　如果 $a>b>0$，那么$\sqrt[n]{a}>\sqrt[n]{b}$，其中 $n\in\mathbf{N}$，且 $n>1$.

定理 1　如果 $a>0$，且 $b>0$，则有 $\frac{a+b}{2}\geqslant\sqrt{ab}$.

推论 1　若$\frac{a+b}{2}\geqslant\sqrt{ab}$，则有 $a+b\geqslant 2\sqrt{ab}$.

推论 2　$a+b\geqslant 2\sqrt{ab} \Leftrightarrow a^2+b^2\geqslant 2ab$.

练一练

（一）下列哪些数是 $x+3>6$ 的解？

-4，-2，5，0，1，2.5，3，3.2，4.8，8，12.

（二）用“>”或“<”填空.

1. 设 $m>n$，则有

$m-5$ ____ $n-5$；$m+4$ ____ $n+4$；$6m$ ____ $6n$；$-\frac{1}{3}m$ ____ $-\frac{1}{3}n$；

2. 设 $a>b$，则有

$2a-1$ ______ $2b-1$；$-3.5b+1$ ______ $-3.5a+1$.

（三）写出符合下列条件的不等式.

1. a 是正数；
2. a 减去 2 是负数；
3. a 与 5 的和小于 7；
4. a 与 2 的差大于 -1；
5. a 的 4 倍大于 8；
6. a 的一半小于等于 3；
7. a 加上 3 的绝对值小于 1；
8. 2 倍的 a 的绝对值大于 a 与 3 的商.

（四）用不等式表示下列各题，并写出各自的解集.

1. x 的三倍大于或等于 1；
2. x 与 3 的和不小于 6；
3. y 与 1 的差不大于 0；
4. y 的四分之一小于或等于 -2.

（五）解下列不等式，并写出各自的解集.

1. $4x<3x-5$；
2. $-8x>10+6x$；
3. $|5x-6|<2$；
4. $|x-7|\geqslant 1$；
5. $|2x-3|<5$；
6. $|x-4|+|3-x|<3$.

（六）设 $x\geqslant 1$，比较 x^3 与 x^2-x+1 的大小.

想一想

1. “推出”和“等价”一样吗？为什么？
2. 定理 1 为什么是对的？

   推论 1 为什么成立？

   推论 2 为什么成立？

3.2.2 一元二次不等式

学一学

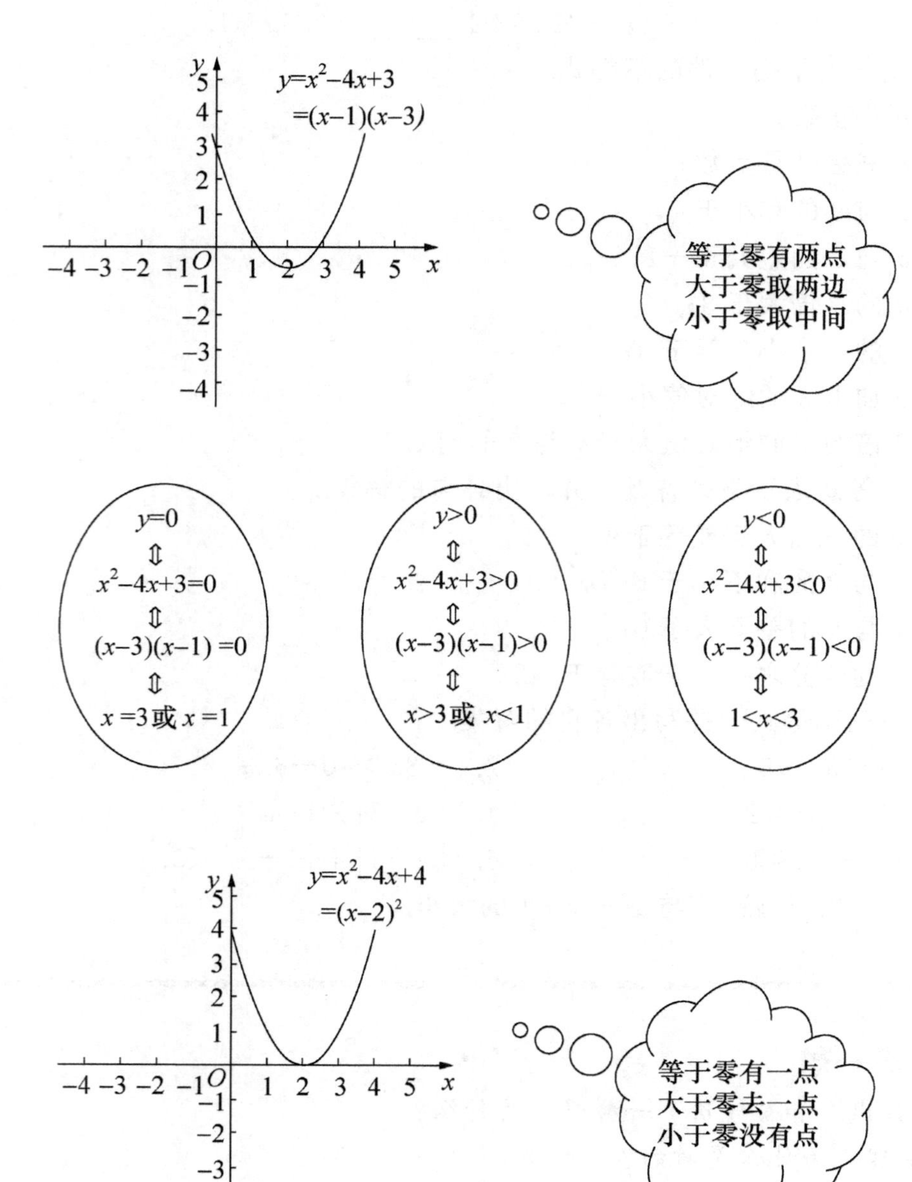

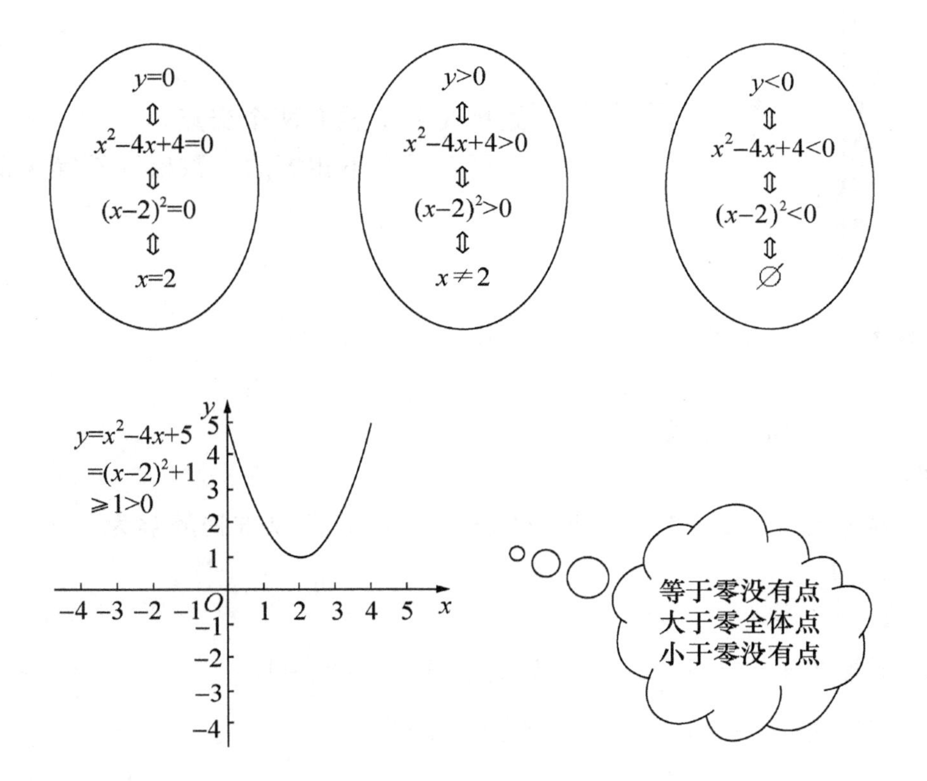

含有一个未知数、未知数的最高次数为 2 的不等式，
叫作一元二次不等式.

 **例 1**　1. 求方程 $2x^2-3x-2=0$；

2. 求不等式 $2x^2-3x-2>0$ 的解；

3. 求不等式 $-2x^2+3x+2>0$ 的解.

解：

1. 因为 $2x^2-3x-2=0$，即 $(2x+1)(x-2)=0$，所以方程的解为 $x=-\dfrac{1}{2}$，$x=2$；

2. $2x^2-3x-2>0$ 的解为 $\left\{x \mid x<-\dfrac{1}{2} \text{或} x>2\right\}$；

3. 因为 $-2x^2+3x+2>0 \Leftrightarrow 2x^2-3x-2<0$，
$2x^2-3x-2<0$ 的解为 $\left\{x \mid -\dfrac{1}{2}<x<2\right\}$，所以 $-2x^2+3x+2>0$ 的解为 $\left\{x \mid -\dfrac{1}{2}<x<2\right\}$.

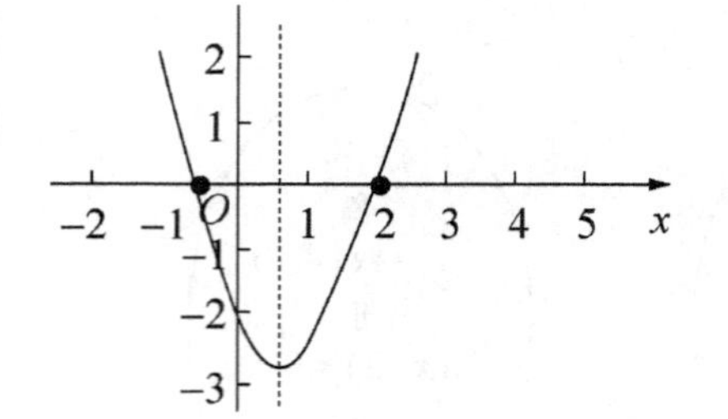

抛物线和 x 轴有两个交点，
方程有两个不相等的实数根（不等实根）.

 **例 2** 1. 解方程 $4x^2-4x+1=0$；

2. 解不等式 $4x^2-4x+1>0$；

3. 解不等式 $4x^2-4x+1<0$.

解：

1. 因为 $4x^2-4x+1=0$，即 $(2x-1)^2=0$，所以方程的解为 $x=\frac{1}{2}$；
2. 不等式 $4x^2-4x+1>0$ 的解为 $\left\{x\in\mathbf{R}\,|\,x\neq\frac{1}{2}\right\}$；
3. 不等式 $4x^2-4x+1<0$ 的解为空集 $\varnothing$.

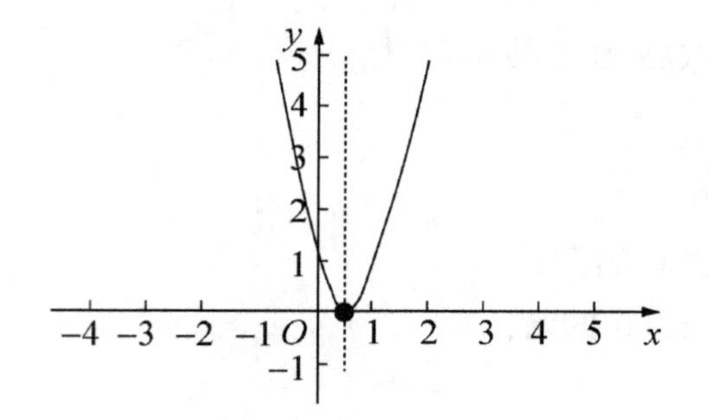

抛物线和 x 轴有一个交点，
方程有唯一实根.

 **例 3** 1. 解方程 $x^2-2x+3=0$；

2. 解不等式 $-x^2+2x-3>0$.

解：

1. 因为 $y=x^2-2x+3=(x^2-2x+1)+2=(x-1)^2+2>0$
   所以抛物线与 x 轴无交点，
   方程 $x^2-2x+3=0$ 没有实数根（无实根）.
2. 因为 $-x^2+2x-3>0$，所以 $x^2-2x+3<0$.
   抛物线在 x 轴上方，不等式 $x^2-2x+3<0$ 无解；
   所以 $-x^2+2x-3>0$ 的解集为空集 $\varnothing$.

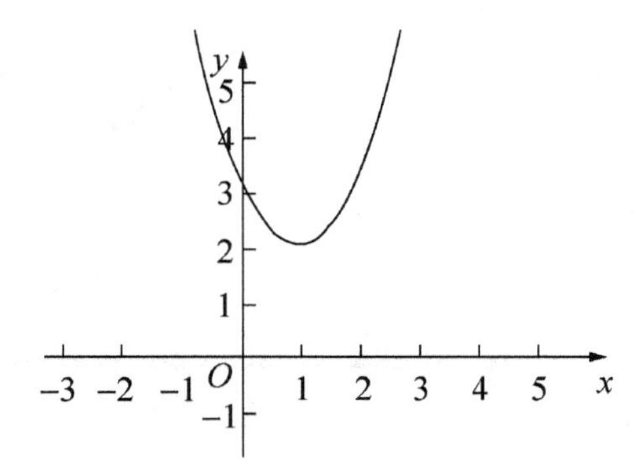

读一读

抛物线	两个交点	一个交点	没有交点
$y=ax^2+bx+c$ 的图像（$a>0$）			
$ax^2+bx+c=0$ 的解	x_1，x_2	x_1	$\varnothing$
$ax^2+bx+c>0$ 的解	$\{x\mid x<x_1$ 或 $x>x_2\}$	$\{x\mid x\neq x_1\}$	**R**
$ax^2+bx+c<0$ 的解	$\{x\mid x_1<x<x_2\}$	$\varnothing$	$\varnothing$

练一练

（一）求下列不等式的解集.

1. $4x^2-4x>15$；
2. $3x^2-7x\leqslant 10$；
3. $-2x^2+x-5<0$；
4. $-x^2+4x-4<0$；
5. $x^2-x+\frac{1}{4}>0$；
6. $-2x^2+x<-3$；
7. $12x^2-31x+20>0$；
8. $3x^2+5x<0$；
9. $4x^2-x>3$；
10. $13-4x^2>0$；
11. $x^2-3x-10>0$；
12. $x(9-x)>0$.

（二）下列二次函数中，当 x 取什么值时，y 等于 0？大于 0？小于 0？

1. $y=3x^2-6x+2$；
2. $y=25-x^2$；

3. $y=x^2+6x+10$；

4. $y=-3x^2+12x-12$.

*（三）解下列不等式.

1. $(x^2-4x+3)(x+2)<0$；

2. $|4x^2-10-3|<3$.

想一想

如果抛物线 $y=ax^2+bx+c$（$a<0$），即二次项的系数小于 0；

那么，$ax^2+bx+c>0$（$a<0$）的解集是什么？

$ax^2+bx+c<0$（$a<0$）的解集是什么？

3.3 分式与根式不等式

认一认

分式	fēnshì	fraction
约分	yuēfēn	reduction of a fraction
公因式	gōngyīnshì	common factor
最简分式	zuìjiǎn fēnshì	fraction in lowest terms
通分	tōngfēn	changing fractions to a common denominator
根式	gēnshì	radical
根指数	gēnzhǐshù	radical exponent
被开方数	bèikāifāngshù	radicand

学一学

（一）分式

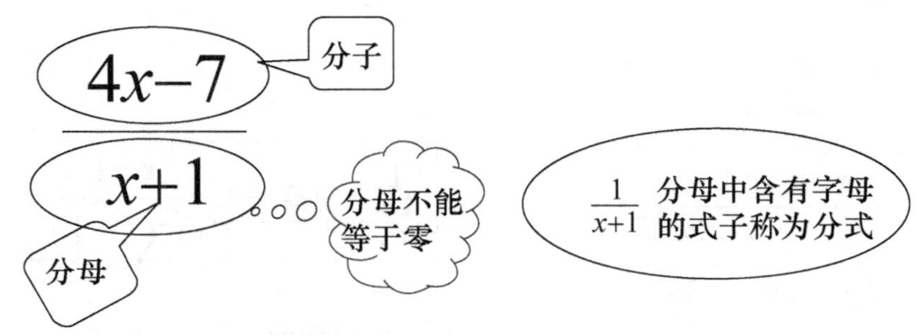

分母不等于零，分式才有意义；

使分式有意义的全体 x 称为 x 的取值范围.

$$\frac{x(x+1)}{x(x-1)}\xlongequal{\text{约分}}\frac{(x+1)}{(x-1)}$$

公因式

分式中约分约去的是什么？

没有公因式的分式称为最简分式.

$$\frac{1}{x}+\frac{1}{x-1}\xlongequal{\text{通分}}\frac{x-1}{x(x-1)}+\frac{x}{x(x-1)}$$

分母相同

（二）根式

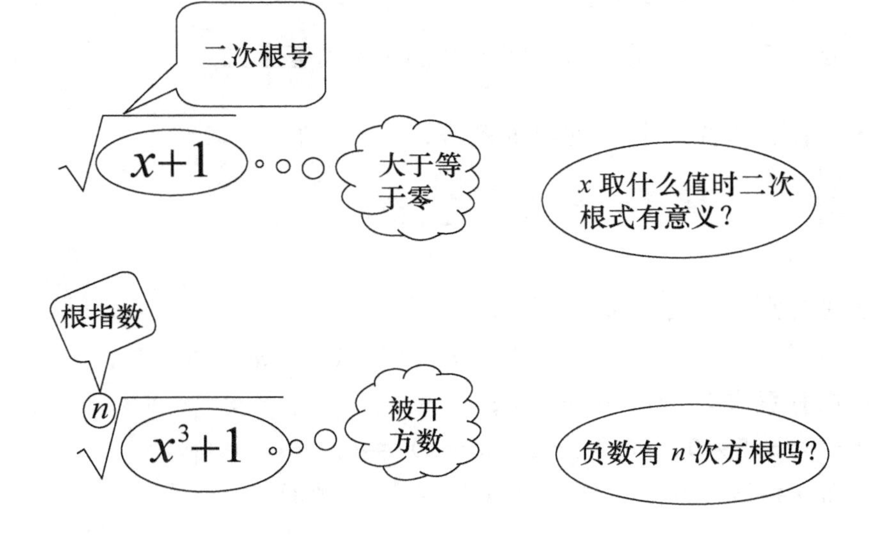

形如$\sqrt{a}$（$a\geqslant 0$）的式子称为二次根式（根式）；

形如$\sqrt[n]{a}$（$n>1$，$n\in \mathbf{Z}^{+}$）的式子称为（n 次）根式.

例 1　1. 约分 $\dfrac{x^2-9}{x^2+6x+9}$；　　　2. 通分 $\dfrac{1}{x^2}$ 与 $\dfrac{x-1}{x+1}$.

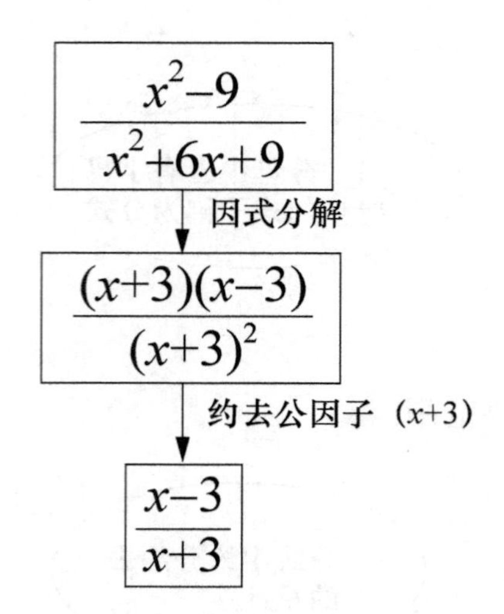

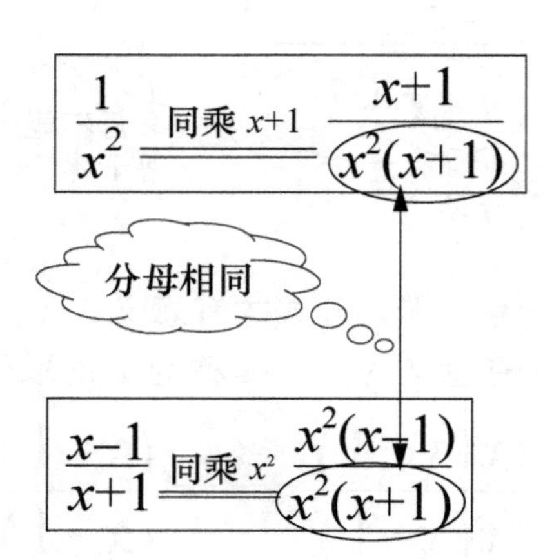

例 2　填空

1. 当 x ______时，分式 $\dfrac{2}{3x}$有意义；

2. 当 x ______时，分式 $\dfrac{x}{x-1}$有意义；

3. 当 x ______时，分式 $\dfrac{1}{5-3x}$有意义.

解：

1. 当分母 $3x$ 不等于 0，即 $x\neq 0$ 时分式有意义；
2. 当分母 $x-1$ 不等于 0，即 $x\neq 1$ 时分式有意义；
3. 当分母 $5-3x$ 不等于 0，即 $x\neq \dfrac{5}{3}$时分式有意义.

**例 3**　求下列各式中 x 的取值范围.

1. $\dfrac{x-1}{x+1}$；　　　　2. $\dfrac{x^2-9}{x^2-6x+5}$

解：

1. 分式有意义，分母不等于 0；

   $x+1\neq 0$，从而 $x\neq -1$，即 $\{x|x<-1\}\cup\{x|x>-1\}$.

2. 分式有意义，分母不等于 0；

   $x^2-6x+5\neq 0$，即 $(x-2)(x-3)\neq 0$.

   从而 $x\neq 2$，$x\neq 3$，即 $\{x\in \mathbf{R}|x\neq 2，x\neq 3\}$.

例 4　求下列各式中 x 的取值范围.

1. $\sqrt{x^2-1}$；　　　　2. $\dfrac{1}{\sqrt{1-x}}$.

解：

1. 二次根式有意义，只要 $x^2-1\geqslant0$，即 $(x+1)(x-1)\geqslant0$；
   从而 x 的取值范围为 $\{x|x\geqslant1 \text{ 或 } x\leqslant-1\}$.
2. 分式有意义，分母不等于 0. $\sqrt{1-x}\neq0$，即 $1-x\neq0$，从而 $x\neq1$；
   二次根式有意义，只要 $1-x\geqslant0$，即 $x\leqslant1$；
   从而使 $\dfrac{1}{\sqrt{1-x}}$ 有意义的 x 的取值范围为

$$\{x|x\neq1\}\cap\{x|x\leqslant1\}=\{x|x<1\}.$$

例 5　解不等式，解集用区间表示.

1. $\dfrac{x-1}{x-3}>0$；　　　　2. $\dfrac{x-3}{x+7}\leqslant0$.

解：

1. 因为 $\dfrac{x-1}{x-3}>0$，所以 $x-1>0$，$x-3>0$ 或者 $x-1<0$，$x-3<0$，
   即 $(x-1)(x-3)>0$；

$$\text{于是}\frac{x-1}{x-3}>0\text{ 的解集为}$$

$$\{x|x<1 \text{ 或 } x>3\}=(-\infty,1)\cup(3,+\infty).$$

2. 因为 $\dfrac{x-3}{x+7}\leqslant0$，所以 $x-3\geqslant0$，$x+7<0$ 或者 $x-3\leqslant0$，$x+7>0$，
   即 $\begin{cases}(x-3)(x+7)\leqslant0;\\(x+7)\neq0.\end{cases}$

$$\text{于是}\frac{x-3}{x+7}\leqslant0\text{ 的解集为}$$

$$\{x|-7<x\leqslant3\}=(-7,3].$$

例 6　解不等式 $\sqrt{3x-4}-\sqrt{x-3}>0$，解集用区间表示.

解： $\sqrt{3x-4}-\sqrt{x-3}>0 \Leftrightarrow \sqrt{3x-4}>\sqrt{x-3}$，

$$\Leftrightarrow\begin{cases}3x-4>0,\\x-3\geqslant0,\\3x-4>x-3.\end{cases}$$

$$\Leftrightarrow 3x-4>x-3\geqslant0;$$

解得　$\{x|x\geqslant3\}=[3,+\infty)$.

读一读

分式不等式的性质

1. $\dfrac{f(x)}{g(x)}>0 \Leftrightarrow \begin{cases} f(x)>0 \\ g(x)>0 \end{cases}$ 或 $\begin{cases} f(x)<0 \\ g(x)<0 \end{cases} \Leftrightarrow f(x)\cdot g(x)>0$；

2. $\dfrac{f(x)}{g(x)}<0 \Leftrightarrow \begin{cases} f(x)>0 \\ g(x)<0 \end{cases}$ 或 $\begin{cases} f(x)<0 \\ g(x)>0 \end{cases} \Leftrightarrow f(x)\cdot g(x)<0$；

3. $\dfrac{f(x)}{g(x)}\geqslant 0 \Leftrightarrow \begin{cases} f(x)\geqslant 0 \\ g(x)>0 \end{cases}$ 或 $\begin{cases} f(x)\leqslant 0 \\ g(x)<0 \end{cases} \Leftrightarrow \begin{cases} f(x)\cdot g(x)\geqslant 0 \\ g(x)\neq 0 \end{cases}$；

4. $\dfrac{f(x)}{g(x)}\leqslant 0 \Leftrightarrow \begin{cases} f(x)\geqslant 0 \\ g(x)<0 \end{cases}$ 或 $\begin{cases} f(x)\leqslant 0 \\ g(x)>0 \end{cases} \Leftrightarrow \begin{cases} f(x)\cdot g(x)\leqslant 0 \\ g(x)\neq 0 \end{cases}$.

根式不等式的性质

1. $\sqrt{f(x)}<\sqrt{g(x)} \Leftrightarrow \begin{cases} f(x)\geqslant 0, \\ g(x)>0, \\ f(x)<g(x); \end{cases}$

2. $\sqrt{f(x)}>\sqrt{g(x)} \Leftrightarrow \begin{cases} f(x)>0, \\ g(x)\geqslant 0, \\ f(x)>g(x); \end{cases}$

3. $\sqrt{f(x)}<g(x) \Leftrightarrow \begin{cases} f(x)\geqslant 0, \\ g(x)>0, \\ f(x)<g^2(x); \end{cases}$

4. $\sqrt{f(x)}>g(x) \Leftrightarrow \begin{cases} f(x)>0, \\ g(x)\geqslant 0, \\ f(x)>g^2(x); \end{cases}$ 或 $\begin{cases} f(x)\geqslant 0, \\ g(x)<0. \end{cases}$

练一练

（一）约分

1. $\dfrac{3a^2bc}{4a^3bd}$；

2. $\dfrac{x+y}{x^2-y^2}$；

3. $\dfrac{a^3-b^3}{a^2-b^2}$；

4. $\dfrac{x^2-4}{x^2+4x+4}$.

（二）通分

1. $\dfrac{1}{a+b}$与$\dfrac{a-b}{a^3+b^3}$；　　2. $\dfrac{1}{x^3-8}$与$\dfrac{x+2}{x^2-4}$.

（三）求下列各式中 x 的取值范围.

1. $\dfrac{1}{x}$；　　2. $\dfrac{1}{(\sqrt{x})^2}$；

3. $\sqrt{2x+1}$；　　4. $\dfrac{1}{\sqrt{2x+1}}$；

5. $\dfrac{3x+2}{4x^2+4x+1}$；　　6. $\dfrac{1}{x^2-9x+8}$.

（四）解下列不等式.

1. $\dfrac{2x-1}{x-3}>0$；　　2. $\dfrac{2x-1}{3x-2}<0$；

3. $\dfrac{2x-3}{x+7}\geqslant 0$；　　4. $\dfrac{2-x}{x-3}\leqslant 0$；

*5. $\dfrac{x^2-2x-35}{x-2}<0$；　　*6. $\dfrac{x}{x^2-8x+15}>2$.

（五）解下列不等式.

1. $\sqrt{2x-1}<1$；　　2. $\sqrt{3x-5}\geqslant 2$；

3. $\sqrt{2x+5}>x+1$；　　4. $\sqrt{2x-1}<x-2$.

想一想

1. 分数和分式有什么区别？
2. 什么叫作三次根式？写出一个三次根式来.
3. 三次根式被开方数一定大于零吗？四次根式呢？
4. 形如$\dfrac{(x-a)(x-b)}{(x-c)(x-d)}>0$的方程如何解？$<0$的呢？

   解不等式$\dfrac{x^2-3x+2}{x^2-2x-3}>0$和$\dfrac{x^2-3x+2}{x^2-2x-3}<0$，总结一下方法.
5. 不等式$\dfrac{(x-a)(x-b)}{(x-c)(x-d)}>0$和$\dfrac{(x-a)(x-b)}{(x-c)(x-d)}\geqslant 0$的解集有何不同？

第四章　函数及其性质

4.1　函数的定义

认一认

函数	hánshù	function
定义	dìngyì	definition
自变量	zìbiànliàng	independent variable
定义域	dìngyìyù	domain
值域	zhíyù	range
对应法则	duìyìng fǎzé	law of corresponding
曲线	qūxiàn	curve

学一学

x	−2	−1	0	1	2	3	4	5	6	…
$y=2x+1$	−3	−1	1	3	5	7	9	11	13	…

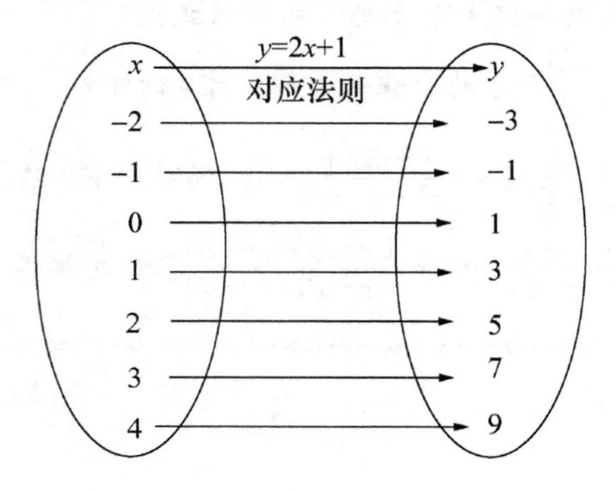

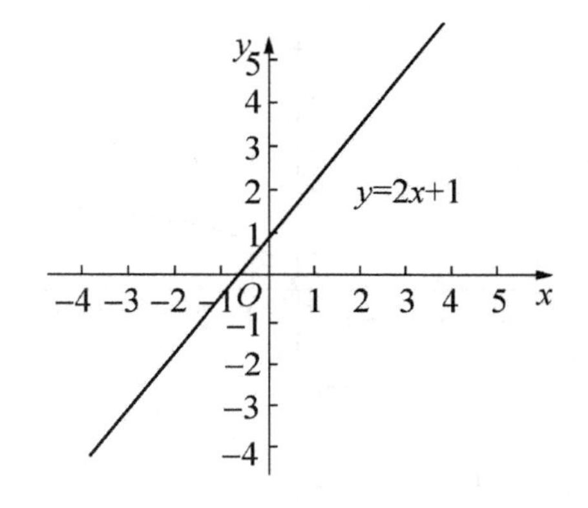

$y=2x+1$ 是一个函数；
对于每一个 x，都有一个 y 的值；
x 称为自变量，
自变量的取值范围是实数集；
y 的取值范围也是实数集.
$y=2x+1$ 的图像是直线.

x	−3	−2	−1	0	1	2	3	4	5	…
$y=x^2+1$	10	5	2	1	2	5	10	17	26	…

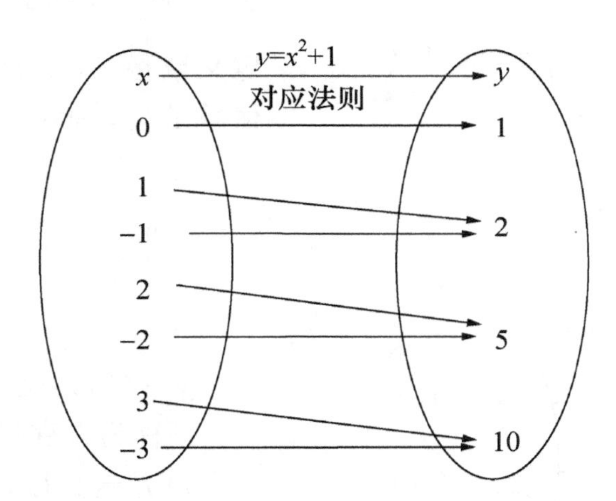

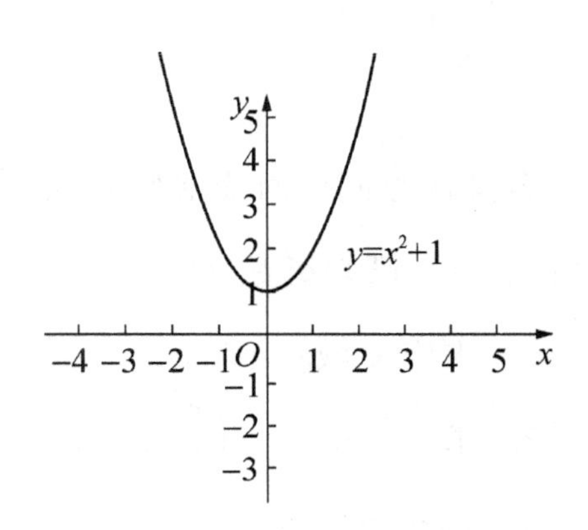

$y=x^2+1$ 是一个函数；
x 的取值范围称为定义域；
$y=x^2+1$ 的定义域是实数集；
y 的取值范围称为值域，
$y=x^2+1$ 的值域是集合 $\{x|x\geqslant 0\}$；
$y=x^2+1$ 的图像是抛物线，
抛物线是曲线.

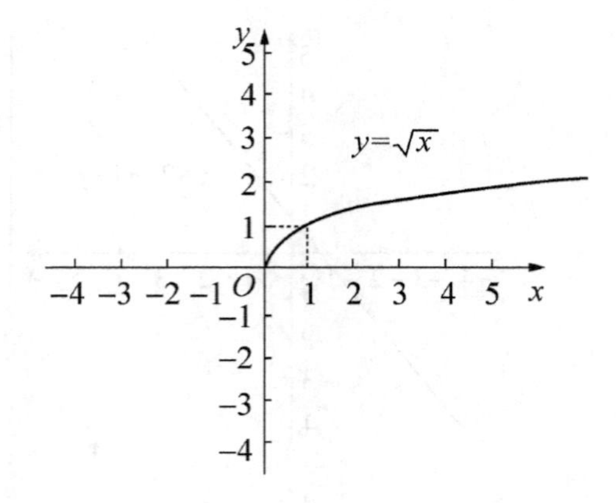

$y=\sqrt{x}$是一个函数；
定义域是 $\{x|x\geqslant 0\}$；
值域是 $\{y|y\geqslant 0\}$.

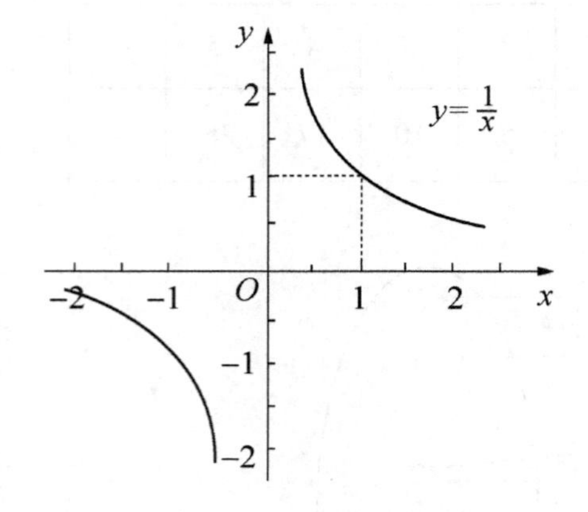

$y=\dfrac{1}{x}$是一个函数；
定义域是 $\{x|x\neq 0\}$；
值域是 $\{y|y\neq 0\}$.

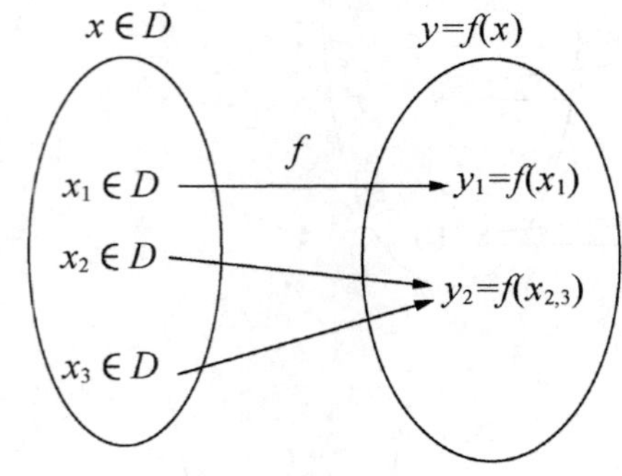

$y=f(x)$ 是一个函数；
x 称为自变量；
D 是定义域；
f 是对应法则.

定义域相同，对应法则相同，则函数相同.

 **例 1** 已知函数 $f(x)=\sqrt{x+3}+\dfrac{1}{x+2}$，完成下列问题.

1. 求定义域；

2. 求 $f(-3)$，$f\left(\dfrac{2}{3}\right)$的值；

3. $a>0$ 时，求 $f(a)$，$f(a-1)$ 的值.

解：

1. 如果根式$\sqrt{x+3}$有意义，则有 $x+3\geqslant 0$，即 $x\geqslant -3$；

如果分式$\frac{1}{x+2}$有意义，则有 $x+2\neq 0$，即 $x\neq -2$；

从而函数的定义域是 $\{x|x>-3\}\cap\{x|x\neq -2\}=\{x|x>-3，x\neq -2\}$.

2．$f(-3)=\sqrt{-3+3}+\frac{1}{-3+2}=-1$；

$f\left(\frac{2}{3}\right)=\sqrt{\frac{2}{3}+3}+\frac{1}{\frac{2}{3}+2}=\sqrt{\frac{11}{3}}+\frac{3}{8}=\frac{33}{\sqrt{3}}+\frac{3}{8}$.

3．因为 $a>0$，所以 $f(a)$，$f(a-1)$ 有意义.

$f(a)=\sqrt{a+3}+\frac{1}{a+2}$；

$f(a-1)=\sqrt{a-1+3}+\frac{1}{(a-1)+2}=\sqrt{a+2}+\frac{1}{a+1}$.

 **例 2**　哪个函数与 $y=x$ 相同？

1．$y=(\sqrt{x})^2$；　　2．$y=\sqrt[3]{x^3}$；

2．$y=\sqrt{x^2}$；　　4．$y=\frac{x^2}{x}$.

解：$y=x$ 的定义域 $\mathbf{R}$.

1．$y=(\sqrt{x})^2=x$，定义域是 $\{x|x\geqslant 0\}$；

对应法则相同，定义域不同；不是相同函数.

2．$y=\sqrt[3]{x^3}=x$，定义域是 $\mathbf{R}$；

对应法则相同，定义域相同；是相同函数.

3．$y=\sqrt{x^2}=|x|$，定义域是 $\mathbf{R}$；

对应法则不同，定义域相同；不是相同函数.

4．$y=\frac{x^2}{x}=x$，定义域是 $\{x|x\neq 0\}$；

对应法则相同，定义域不同；不是相同函数.

读一读

函数的定义

设 D 是非空数集，对 D 中的每一个 x，按照对应法则 f，都有唯一一个 y 和它对应，称对应法则 f 是 D 上的函数，记作 $y=f(x)$，$x\in D$.

x 称为自变量，x 的取值范围称为函数的定义域；

与 x 相对应的 y 值称为函数值；

函数值的集合 $\{y=f(x)\mid x\in D\}$ 叫作函数的值域.

定义域和对应法则称为函数的两大要素（yàosù）.

练一练

（一）下列函数是否相等？为什么？

1. $h=500t-t^2$，$y=500x-5x^2$；　　2. $f(x)=1$，$g(x)=\dfrac{x}{x}$；

3. $f(x)=x^2$，$g(x)=\sqrt[3]{x^6}$；　　4. $f(x)=x^2$，$g(x)=(\sqrt{x})^4$.

（二）已知函数 $f(x)=3x^3+2x$，完成下列问题.

1. 求 $f(2)$、$f(-2)$、$f(2)+f(-2)$ 的值；
2. 求 $f(\sqrt{2})$、$f(-\sqrt{2})$、$f(\sqrt{2})+f(-\sqrt{2})$的值；
3. 求 $f(a)$、$f(-a)$、$f(a)+f(-a)$ 的值；
4. 求 $f(a+3)$、$f(a)+f(3)$ 的值.

（三）已知函数 $f(x)=\dfrac{1-x}{1+x}$，求：

1. $f(a)+1$ $(a\neq-1)$；　　2. $f(a+1)(a\neq-2)$；

3. $f(-x)$；　　4. $f\left(\dfrac{1}{x}\right)$.

（四）求下列函数的定义域.

1. $f(x)=\dfrac{1}{4x+7}$；　　2. $f(x)=\sqrt{1-x}+\sqrt{x+3}-1$；

3. $f(x)=\dfrac{3x}{x-4}$；　　4. $f(x)=\dfrac{6}{x^2-3x+2}$；

5. $f(x)=\sqrt{4-x}$；　　6. $f(x)=\dfrac{\sqrt{4-x}}{x-1}$.

（五）画出下列函数的图像，并指出它的定义域和值域.

1. $y=-4x+5$；　　2. $y=\dfrac{6}{x}$；

3. $y=x^2-6x+7$；　　4. $y=\sqrt{2x}$.

（六）已知函数 $f(x)=\dfrac{x+2}{x-6}$，完成下列问题.

1. 点（3，14）在 $f(x)$ 的图像上吗？
2. 当 $x=4$ 时，求 $f(x)$ 的值；
3. 当 $f(x)=2$ 时，求 x 的值.

（七）若 $f(x)=x^2+bx+c$，且 $f(1)=0$，$f(3)=0$，求 $f(-1)$ 的值.

想一想

1. $y^2=x$ 是 x 的函数吗？为什么？
2. $y=1$ 是 x 的函数吗？为什么？
3. $x=1$ 是 x 的函数吗？为什么？

4.2　函数的性质

4.2.1　函数的单调性

认一认

增函数	zēnghánshù	increasing function
减函数	jiǎnhánshù	decreasing function
单调函数	dāndiào hánshù	monotonic function
单调区间	dāndiào qūjiān	monotone interval
单调性	dāndiàoxìng	monotonicity
分段函数	fēnduàn hánshù	piecewise function
证明	zhèngmíng	prove

学一学

在定义域 **R** 上
当 x 增大时，y 也增大；
图像上升；
称 $y=x-3$ 是增函数，
也称是单调函数.

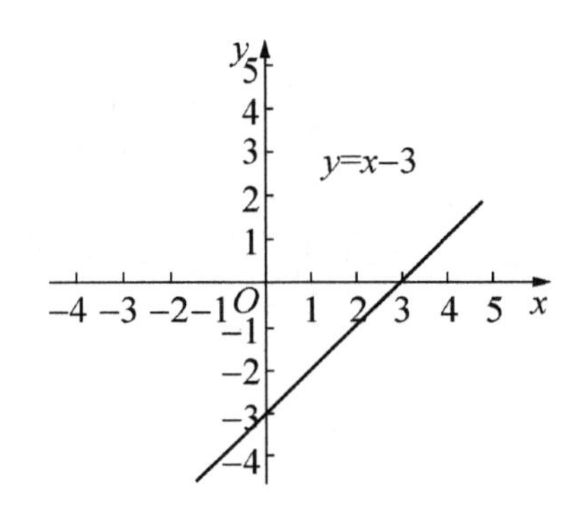

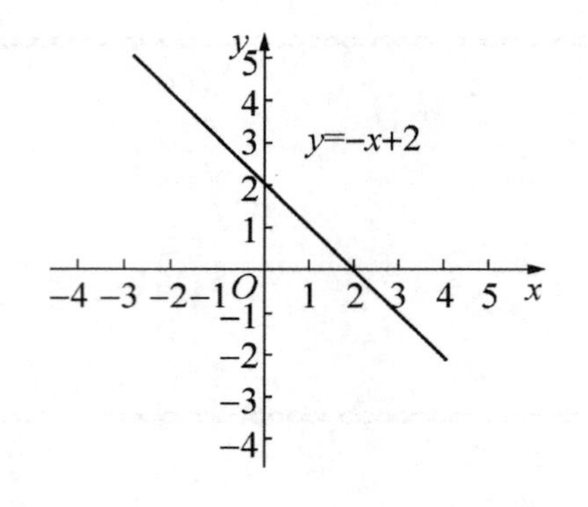

在定义域 **R** 上
当 x 增大时，y 减小；
图像下降；
称 $y=-x+2$ 是减函数，
也称是单调函数.

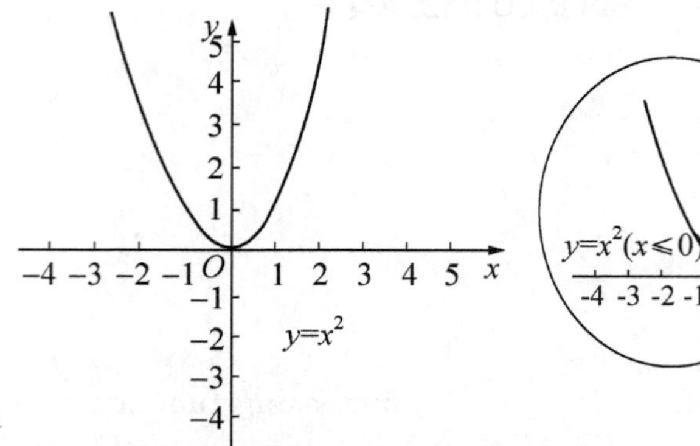

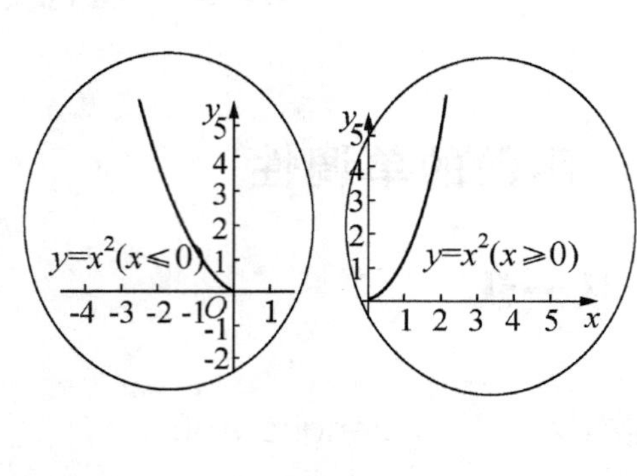

在 $[0, +\infty)$ 上，y 随着 x 的增大而增大；
称 $y=x^2$ 在 $[0, +\infty)$ 上是增函数，称 $[0, +\infty)$ 是单调增区间；
在 $(-\infty, 0]$ 上，y 随着 x 的增大而减小；
称 $y=x^2$ 在 $(-\infty, 0]$ 上是减函数，称 $(-\infty, 0]$ 是单调减区间；
在定义域 **R** 上 $y=x^2$ 既不是增函数，也不是减函数；
称在定义域 **R** 上 $y=x^2$ 不是单调函数.

例 1　函数 $y=\sqrt{x}$ 是增函数，还是减函数？是单调函数吗？

解：

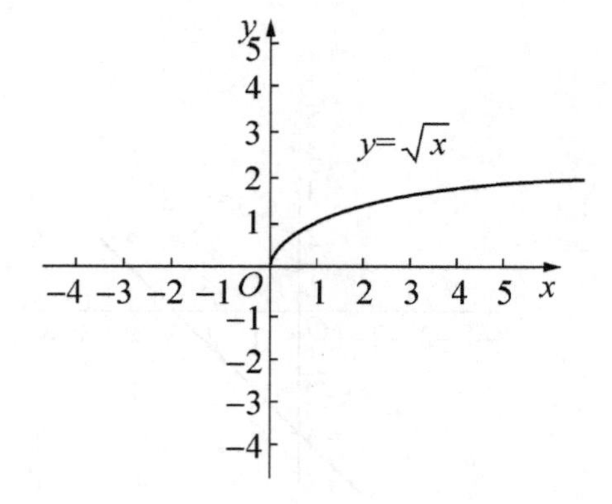

在 $[0, +\infty)$ 上，
y 随着 x 的增大而增大；
图像上升；
在 $[0, +\infty)$ 上 $y=\sqrt{x}$ 是增函数；
在 $[0, +\infty)$ 上 $y=\sqrt{x}$ 是单调函数；
$[0, +\infty)$ 称为 $y=\sqrt{x}$ 的单调区间；
$[0, +\infty)$ 是单调增区间.

 **例 2** $y=\frac{1}{x}$是增函数，还是减函数？是单调函数吗？单调区间是什么？

解：

在 $(-\infty, 0)$ 上，

y 随着 x 的增大而减小，

在 $(-\infty, 0)$ 上 $y=\frac{1}{x}$是减函数；

在 $(0, +\infty)$ 上也是减函数；

在 $(-\infty, 0)$和$(0, +\infty)$ 上都是减函数；

在 $(-\infty, 0)$和$(0, +\infty)$ 上是单调函数；

$(-\infty, 0)$ 和 $(0, +\infty)$ 都是单调减区间.

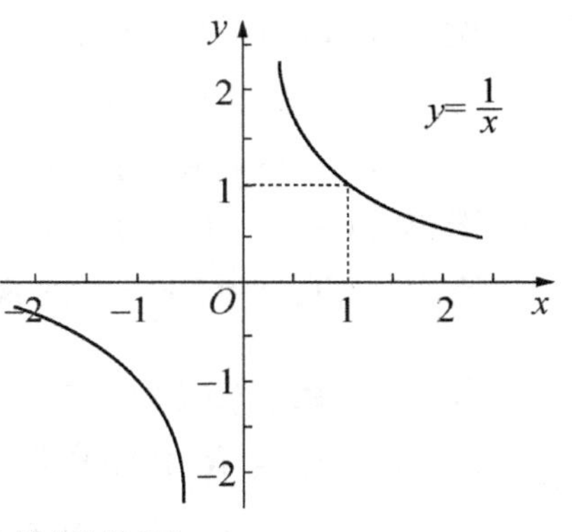

 **例 3** $y=|x|$是增函数，还是减函数？具有单调性吗？

解： 当 $x\geqslant 0$ 时 $|x|=x$，所以 $y=x$；

当 $x<0$ 时 $|x|=-x$，所以 $y=-x$.

在 $[0, +\infty)$ 上，$y=|x|$是增函数；

在 $(-\infty, 0]$ 上，$y=|x|$是减函数；

在 $(-\infty, +\infty)$ 上

$y=|x|$既不是增函数，

也不是减函数；

定义域上不是单调函数.

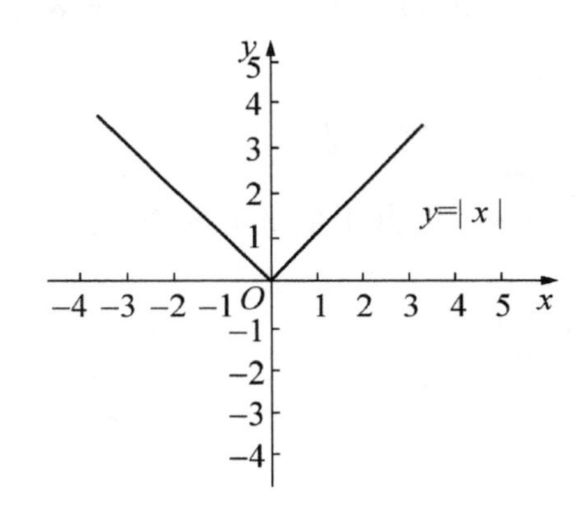

$y=|x|$称为绝对值函数；

$y=|x|$是一个分段函数：$y=|x|=\begin{cases} x & x\geqslant 0 \\ -x & x<0 \end{cases}$.

 读一读

设函数 $y=f(x)$ 的定义域为 I，区间 $D\subset I$.

增函数定义

对于每一个 x_1，$x_2\in D$，当 $x_1<x_2$ 时，都有 $f(x_1)<f(x_2)$，

称 $f(x)$ 在 D 上是增函数，D 为单调增区间；

减函数定义

对于每一个 x_1，$x_2\in D$，当 $x_1<x_2$ 时，都有 $f(x_1)>f(x_2)$，

称 $f(x)$ 在 D 上是减函数，D 为单调减区间.

证明函数 $f(x)=3x+2$ 在 $\mathbf{R}$ 上是增函数

设 x_1，x_2 是 R 上任意两个实数，且 $x_1<x_2$，则

$$f(x_1)-f(x_2)=(3x_1+2)-(3x_2+2)=3(x_1-x_2).$$

由于 $x_1<x_2$，得 $x_1-x_2<0$，

于是 $f(x_1)-f(x_2)<0$，即 $f(x_1)<f(x_2)$.

所以，$f(x)=3x+2$ 在 $\mathbf{R}$ 上是增函数.

证明函数 $f(x)=-2x$ 在 $\mathbf{R}$ 上是减函数

设 x_1，x_2 是 R 上任意两个实数，且 $x_1<x_2$，则

$$f(x_1)-f(x_2)=-2x_1-(-2x_2)=2(x_2-x_1).$$

由于 $x_1<x_2$，得 $x_1-x_2<0$，即 $x_2-x_1>0$.

从而 $f(x_1)-f(x_2)>0$，即 $f(x_1)>f(x_2)$.

所以，$f(x)=-2x$ 在 $\mathbf{R}$ 上是减函数.

练一练

（一）写出函数的单调区间.

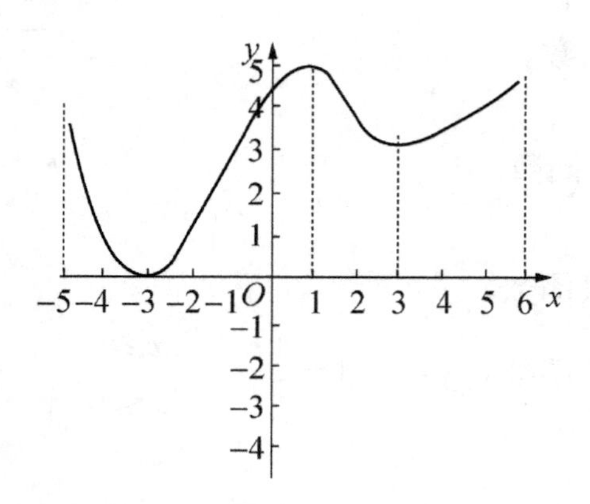

（二）画出函数图像，指出它的单调区间，讨论它的增减性.

1. $y=-3x$；　　2. $y=x+2$；

3. $y=x^2-3x+2$；　　4. $y=1-x^2$.

（三）用定义证明下列函数的单调性.

1. 函数 $f(x)=x^2+1$ 在 $(0, +\infty)$ 上是增函数；

2. 函数 $f(x)=\frac{1}{x}$在 $(-\infty, 0)$ 上是减函数.

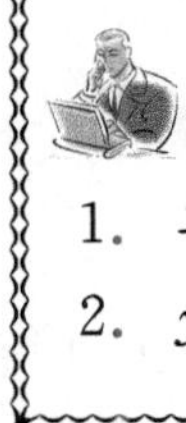

想一想

1. 单调函数和增函数、减函数一样吗？
2. $y=1$ 是单调函数吗？

4.2.2　函数的奇偶性

认一认

奇函数	jīhánshù	odd function
偶函数	ǒuhánshù	even function

学一学

在定义域 **R** 上，
对每一个自变量 x，
$f(-x)=|-x|=|x|=f(x)$；
称 $y=|x|$ 是偶函数.

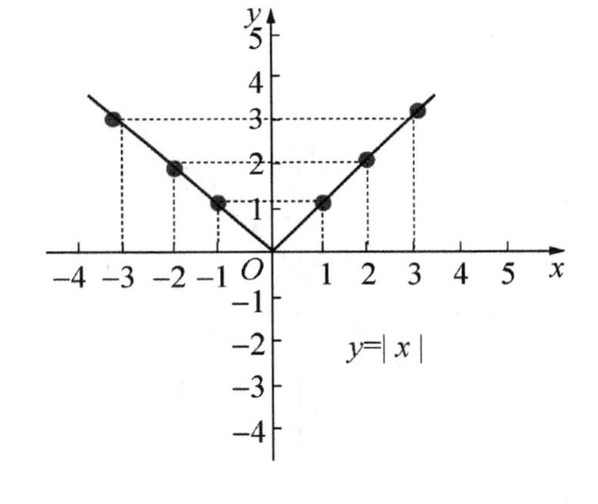

在定义域 **R** 上，
$y=x^2$ 是偶函数；
$y=x^2$ 的图像关于 y 轴对称；
偶函数都关于 y 轴对称.

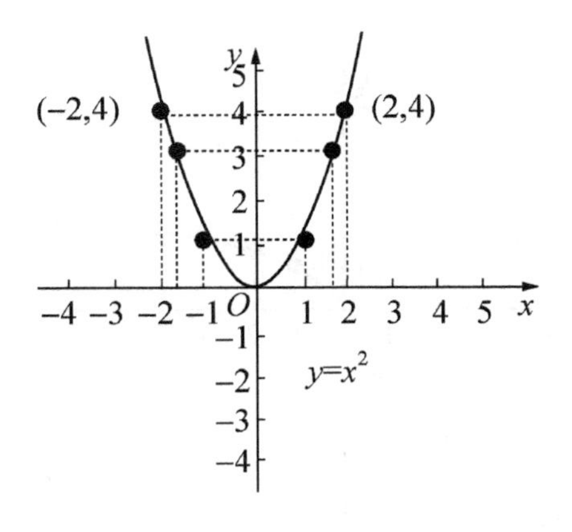

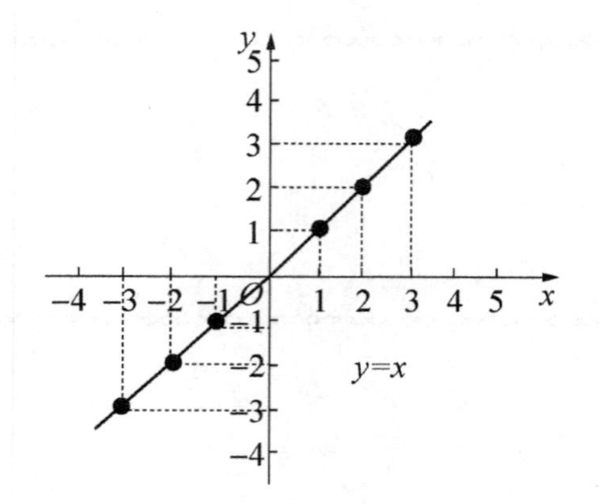

在定义域 $\mathbf{R}$ 上，
对任意 $x\in\mathbf{R}$，都有 $f(-x)=-f(x)$；
称 $y=x$ 是奇函数.

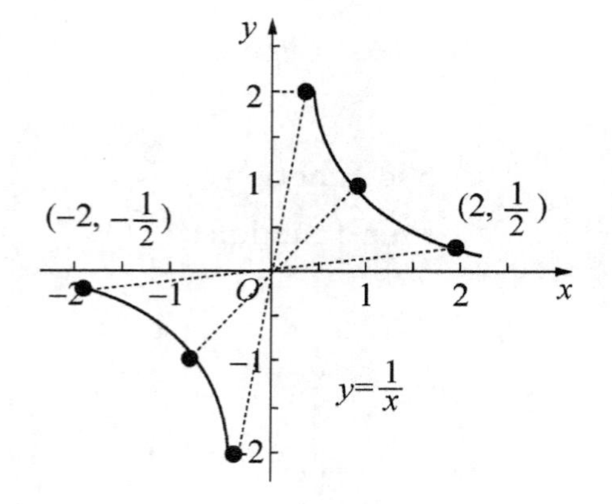

在定义域 $D=\{x\,|\,x\neq 0\}$ 上，
$y=\dfrac{1}{x}$是奇函数；
$y=\dfrac{1}{x}$的图像关于原点对称.

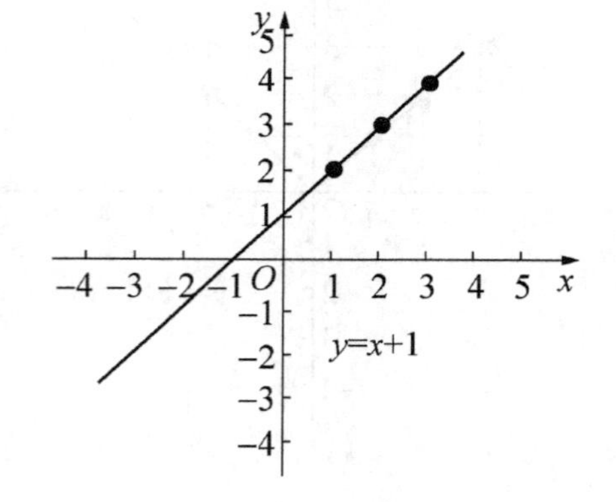

在 $(-\infty,\ +\infty)$ 上，
$y=x+1$ 既不是奇函数，
也不是偶函数.

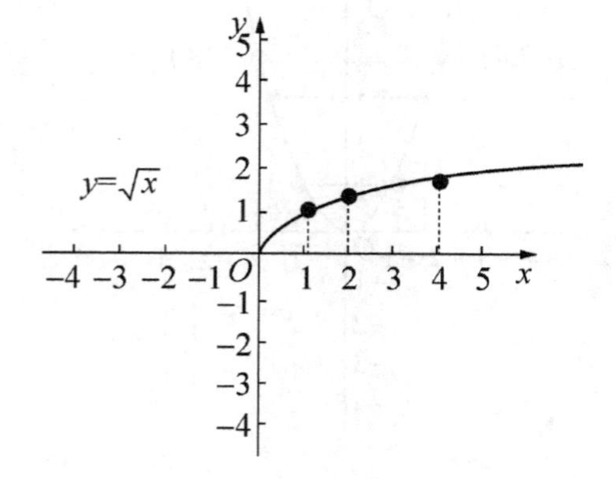

在 $[0,\ +\infty)$ 上，
$y=\sqrt{x}$ 既不是奇函数，也不是偶函数；
称为非奇非偶函数.

例 1　画出函数图像，判断它的奇偶性.

1. $y=2x$；　　2. $y=x^3$；

3. $y=-2x^2$；　　4. $y=(x-3)^2$.

解：

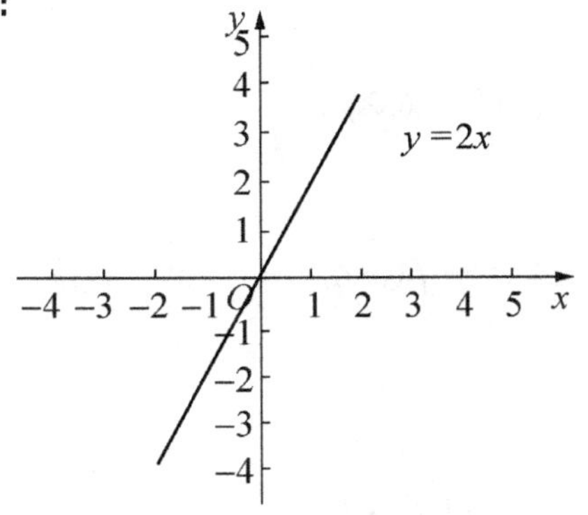

$y=2x$在定义域**R**上是奇函数.

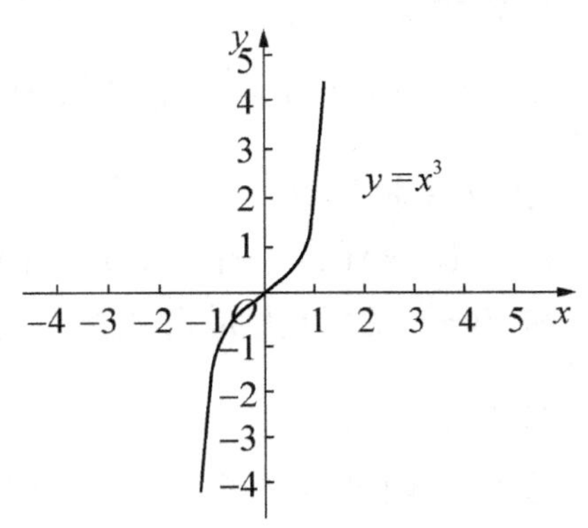

$y=x^3$在定义域**R**上是奇函数.

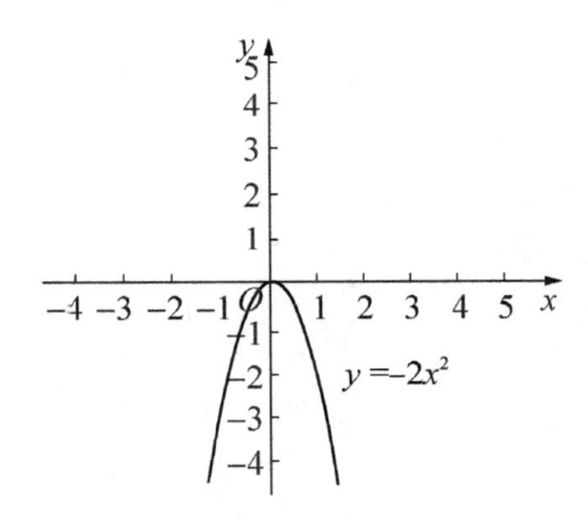

$y=-2x^2$在定义域**R**上是偶函数.

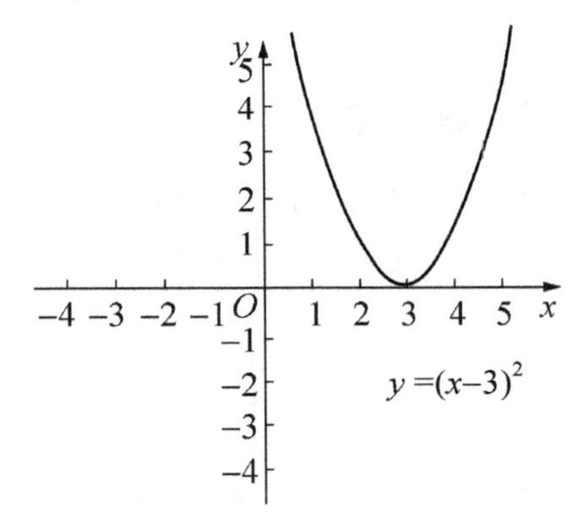

$y=(x-3)^2$在定义域**R**上非奇非偶函数.

例 2　不画函数图像，判断它的奇偶性.

1. $f(x)=2x^4+3x^2$；　　2. $f(x)=x^3-2x$；

3. $f(x)=3x-6$；　　4. $f(x)=\sqrt{x-1}$.

解：

1. 因为对于每个 $x\in\mathbf{R}$，$f(-x)=2(-x)^4+3(-x)^2=2x^4+3x^2=f(x)$，
   所以 $f(x)=2x^4+3x^2$ 是偶函数.
2. 因为对于每个 $x\in\mathbf{R}$，$f(-x)=(-x)^3-2(-x)=-x^3+2x=-f(x)$，
   所以 $f(x)=x^3-2x$ 是奇函数.
3. 因为对于每个 $x\in\mathbf{R}$，
   $f(-x)=-3x-6\neq3x-6=f(x)$；$f(-x)=-3x-6\neq-(3x-6)=-f(x)$，
   所以 $f(x)=3x-6$ 是非奇非偶函数.

4. 因为 $f(x)=\sqrt{x-1}$ 的定义域是 $\{x|x\geqslant 1\}$，$f(-x)$ 没有意义，所以 $f(x)=\sqrt{x-1}$ 是非奇非偶函数.

读一读

设函数 $y=f(x)$ 的定义域为 D，D 关于原点对称.

奇函数的定义

对于 D 内任意一个 $x\in D$，都有 $f(-x)=-f(x)$，称 $f(x)$ 在 D 上是奇函数.

偶函数的定义

对于 D 内任意一个 $x\in D$，都有 $f(-x)=f(x)$，称 $f(x)$ 在 D 上是偶函数.

练一练

（一）1. $f(x)$ 是奇函数，画出 y 轴左侧图像；

2. $g(x)$ 是偶函数，画出 y 轴左侧图像.

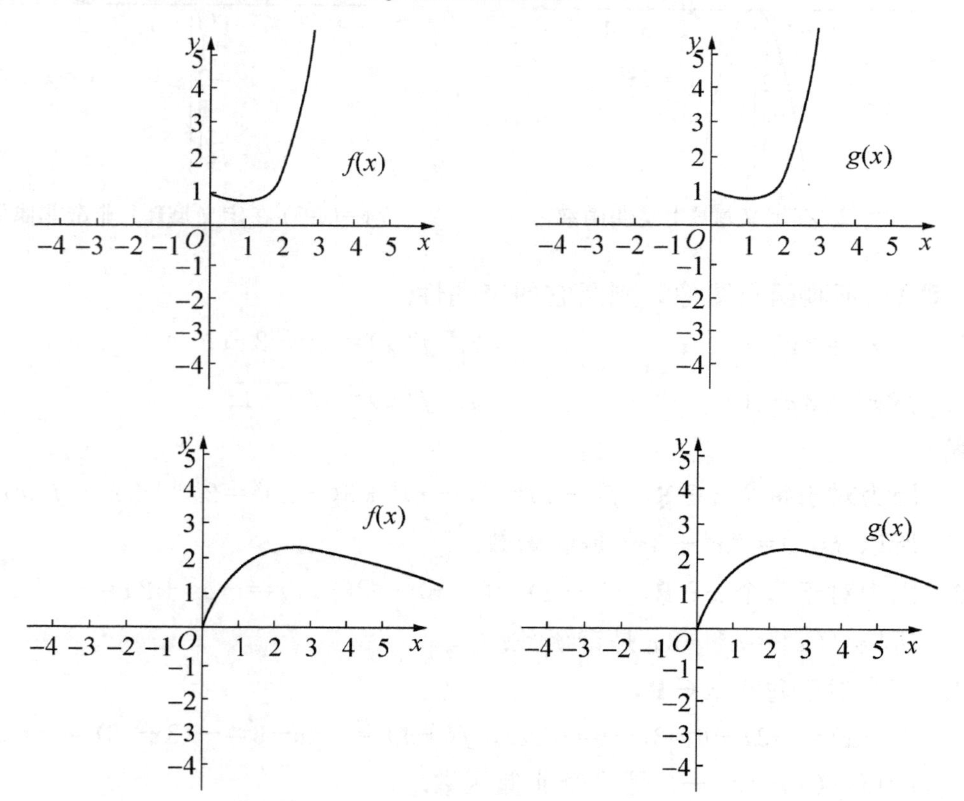

（二）判断函数的奇偶性.

1. $y=\frac{1}{2}x$；　　2. $y=-\frac{1}{2}x$；

3. $y=x^4-x^2$；　　4. $y=x^3-6x$；

5. $y=2$；　　6. $y=0$；

7. $y=3x^2-1$；　　8. $y=x^2+3x+1$；

9. $y=\sqrt{x^3}$；　　10. $y=|2x|$.

想一想

1. 什么叫作定义域关于原点对称？

$y=\sqrt{x}$的定义域关于原点对称吗？$y=x^2$ 呢？

2. 有没有既是奇函数，又是偶函数的函数？

4.3 幂　函　数

认一认

幂函数	mìhánshù	power function
幂	mì	power

学一学

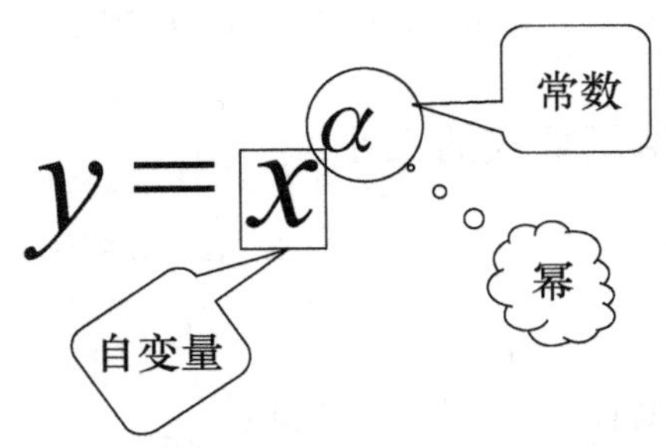

形如 $y=x^\alpha$ 的式子叫作幂函数；读作　y 等于 x 的 α 次幂.

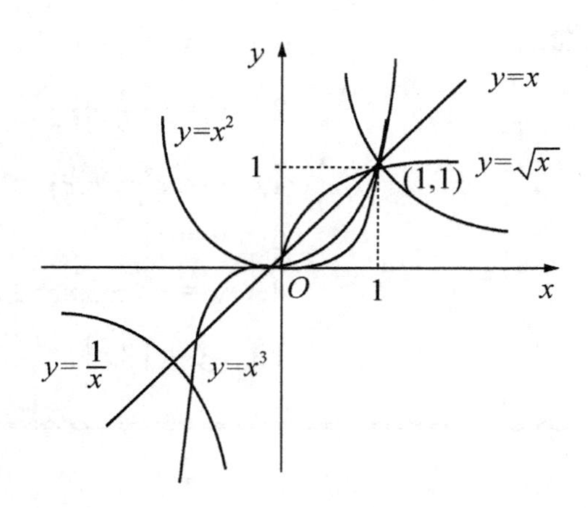

幂函数性质　1. $x=0$ 时，$y=0^{\alpha}=0$，曲线都过（0，0）点.

2. $x=1$ 时，$y=1^{\alpha}=1$，曲线都过（1，1）点.

3. $0<x<1$ 时，α 增大，$y=x^{\alpha}$ 减小.

4. $x>1$ 时，α 增大，$y=x^{\alpha}$ 增大.

5. 在第一象限：$\alpha>0$ 时，$y=x^{\alpha}$ 是增函数；$0<\alpha<1$ 时 $y=x^{\alpha}$是减函数.

**例 1**　下列哪些是幂函数？写出幂函数的幂，并求它们的定义域.

1. $y=0.2^{x}$；　　　　2. $y=x^{\frac{1}{5}}$；

3. $y=2x^{2}$；　　　　4. $y=\dfrac{1}{\sqrt{x}}$.

解：

1. 不是幂函数；

2. 是幂函数，幂 $\alpha=\dfrac{1}{5}$，定义域为 $\mathbf{R}$；

3. 是幂函数，幂 $\alpha=2$，定义域 $x\in\mathbf{R}$；

4. 是幂函数，幂 $\alpha=-\dfrac{1}{2}$，定义域为 $\{x|x>0\}$.

**例 2**　比较下列各组函数式的大小.

1. $0<a<b$，$a^{\frac{1}{2}}$和 $b^{\frac{1}{2}}$；　　　　2. $a<b<0$，$\dfrac{1}{a}$和$\dfrac{1}{b}$.

解：

1. 幂函数 $y=x^{\frac{1}{2}}$是增函数，故 $a^{\frac{1}{2}}<b^{\frac{1}{2}}$；

2. 幂函数 $y=\dfrac{1}{x}=x^{-1}$是减函数，故$\dfrac{1}{a}>\dfrac{1}{b}$.

**例 3**　1. 在同一坐标系下画出 $y=x^{3}$，$y=x^{\frac{1}{3}}$的图像.

2. $y=x^3$，$y=x^{\frac{1}{3}}$的图像关于______对称.

解：

1.

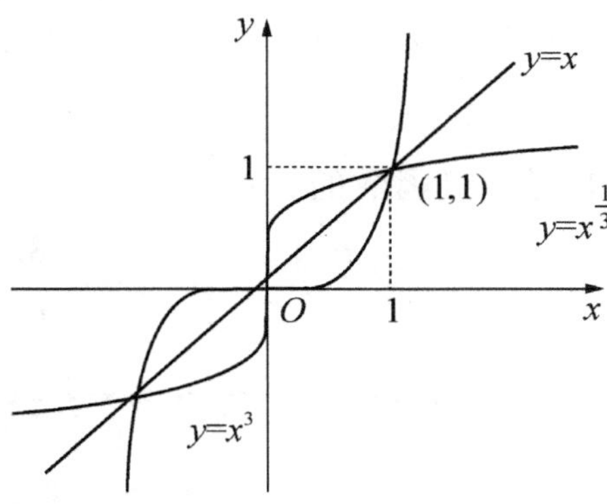

2. $y=x^3$，$y=x^{\frac{1}{3}}$的图像关于<u>　直线 $y=x$　</u>对称.

读一读

幂的运算性质

1. $x^{\frac{m}{n}}=\sqrt[n]{x^m}$（$m$，$n\in\mathbf{N}$）；
2. $x^{-k}=\dfrac{1}{x^k}$（$k\in\mathbf{R}^+$）；
3. $x^r\cdot x^s=x^{r+s}$（r，$s\in\mathbf{Q}$）；
4. $(x^r)^s=x^{rs}$（r，$s\in\mathbf{Q}$）；
5. $(ab)^s=a^sb^s$（$a>0$，$b>0$，$s\in\mathbf{Q}$）.

练一练

（一）画出 $y=x^{-2}$的图像，并回答下列问题.

1. 求它的定义域；
2. 指出它的单调区间；
3. 判断它的增减性.

（二）填表

幂函数	$y=x$	$y=x^2$	$y=x^3$	$y=x^{\frac{1}{2}}$	$y=x^{-1}$
定义域					
值域					
奇偶性					
单调性					
定点					

（三）化简（huà jiǎn）

1. $\sqrt[3]{a^2}\cdot\sqrt{a}=$______ $(a>0)$；

2. $(\sqrt[3]{a^2})^{\frac{9}{4}}=$______ $(a>0)$；

3. $(\sqrt[3]{a^4b^5})^8=$______ $(a>0)$.

（四）设 $0<a<b$，比较下列各组函数的大小.

1. $a^{\frac{3}{4}}$，$b^{\frac{3}{4}}$；　2. $a^{\frac{2}{5}}$，$b^{\frac{2}{5}}$；　3. $a^{\frac{5}{2}}$，$b^{\frac{5}{2}}$；

4. $a^{-\frac{2}{3}}$，$b^{-\frac{2}{3}}$；　5. $a^{-1.2}$，$b^{-1.2}$；　6. $(-a)^{-\frac{2}{3}}$，$(-b)^{-\frac{2}{3}}$.

想一想

1. 哪些幂函数是偶函数？哪些幂函数是奇函数？
2. 什么叫作关于直线 $y=x$ 对称？
3. 哪些函数图像关于直线 $y=x$ 对称？

4.4 指数函数

认一认

指数函数	zhǐshù hánshù	exponential function
指数	zhǐshù	exponent
底数	dǐshù	base number

学一学

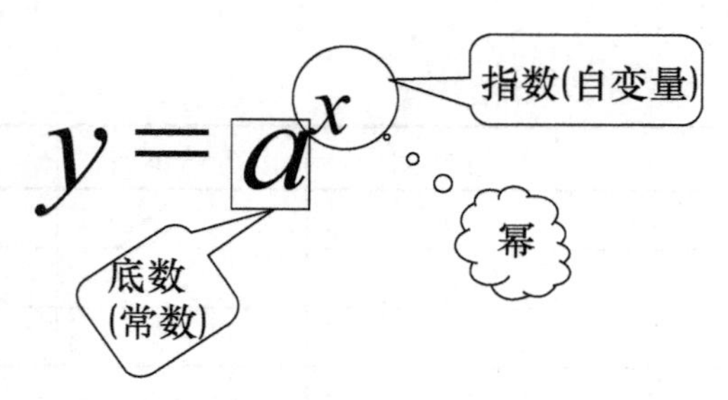

形如 $y=a^x$（$a>0$，$a\neq1$）的式子叫作指数函数.

读作　y 等于 a 的 x 次幂，或者　以 a 为底的指数函数.

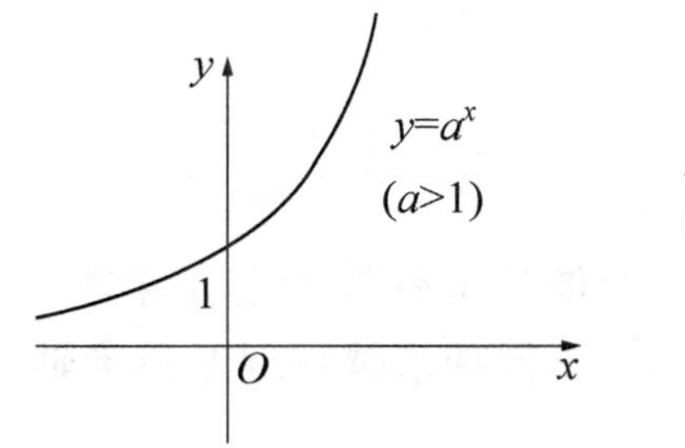

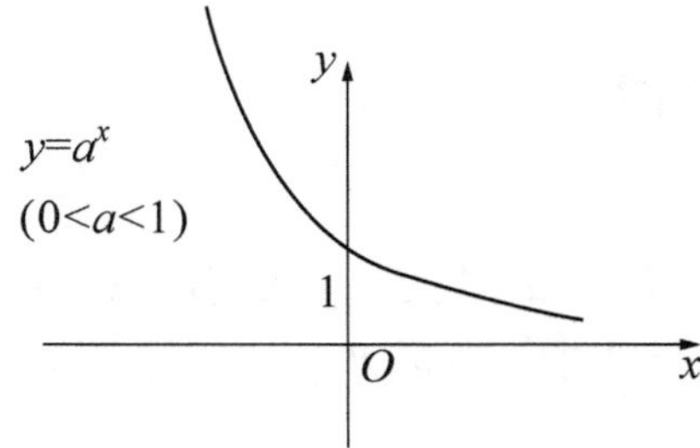

指数函数性质

1. $x=0$ 时 $y=a^0=1$（曲线都过（0，1）点）；
2. $x\in\mathbf{R}$ 时 $y>0$（曲线在 x 轴上方）；
3. $0<a<1$ 时，$y=a^x$ 是减函数；
4. $a>1$ 时，$y=a^x$ 是增函数；
5. $y=a^x$，$y=\left(\frac{1}{a}\right)^x$ 图像关于 y 轴对称.

 **例 1**　已知指数函数 $f(x)=a^x(a>0，a\neq 1)$ 的图像过点（3，π），求：

1. a 的值；
2. $f(0)$，$f(1)$，$f(-3)$ 的值.

解：

1. 因为图像过点（3，π），即 $x=3$ 时 $f(x)=\pi$；

所以 $a^3=\pi$，$a=\sqrt[3]{\pi}=\pi^{\frac{1}{3}}$，于是
$$f(x)=(\pi^{\frac{1}{3}})^x=\pi^{\frac{x}{3}}.$$

2. $f(0)=\pi^{\frac{0}{3}}=\pi^0=1$；

$f(1)=\pi^{\frac{1}{3}}=\sqrt[3]{\pi}$；

$f(-3)=\pi^{\frac{-3}{3}}=\pi^{-1}=\frac{1}{\pi}$.

例 2　比较下列各组指数函数的大小.

1. $1.7^{2.5}$，1.7^3；　　2. $0.8^{-0.1}$，$0.8^{-0.2}$；　　3. $1.7^{0.3}$，$0.8^{3.1}$.

解：

1. $a=1.7>1$，指数函数是增函数，所以 $1.7^{2.5}<1.7^3$；
2. $a=0.8<1$，指数函数是减函数，所以 $0.8^{-0.1}<0.8^{-0.2}$；
3. $a=1.7>1$，指数函数是增函数，所以 $1.7^{0.3}>1.7^0=1$；

$a=0.8<1$，指数函数是减函数，所以 $0.8^{3.1}<0.8^0=1$；

从而 $1.7^{0.3}>0.8^{3.1}$.

读一读

$y=a^x$：

当 $a<1$ 时，x 增大，y 减小，$y=a^x$ 图像越来越靠近 x 正半轴；

当 $0<a<1$ 时，x 减小，y 减小，$y=a^x$ 图像越来越靠近 x 负半轴.

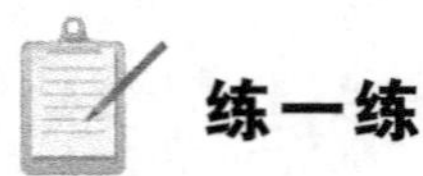

练一练

（一）已知函数 $y=3^x$，$y=\left(\frac{1}{3}\right)^x$，解答下列问题.

1. 在同一坐标系上画出函数图像；
2. 比较大小：

$$3^{2.1}，3^{0.7}；\left(\frac{1}{3}\right)^{2.1}，\left(\frac{1}{3}\right)^{0.7}；3^{-0.7}，\left(\frac{1}{3}\right).$$

（二）求函数的定义域

1. $y=3^{\sqrt{x-2}}$；　　2. $y=\left(\frac{1}{2}\right)^{\frac{1}{x}}$.

（三）填表

指数函数	$0<a<1$	$a>1$
$y=a^x$ 图像		
定义域		
值域		
定点		
增减性		

想一想

1. e的值是多少？画出以e为底的指数函数的图像，并判断单调性.
2. 在同一坐标系下画出 $y=2^x$，$y=3^x$ 的图像，并比较函数值.

4.5　对数函数

4.5.1　对数及其运算

认一认

对数	duìshù	logarithm
真数	zhēnshù	antilogarithm
常用对数	chángyòng duìshù	common logarithm
自然对数	zìrán duìshù	natural logarithm

学一学

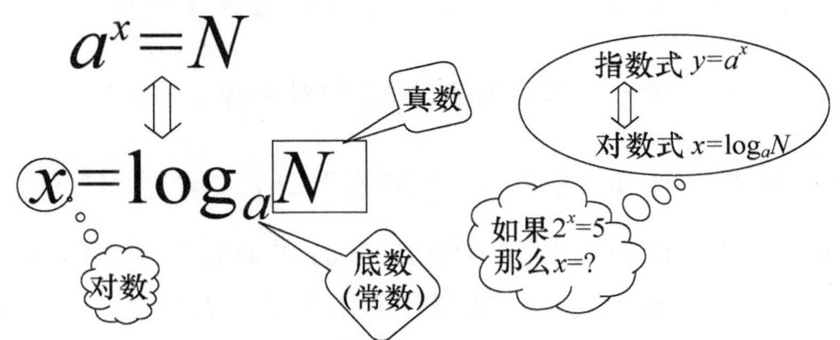

若 $a^x=N$（$a>0$，$a\neq 1$），那么数 x 叫作以 a 为底的 N 的对数，

记作　$x=\log_a N$.

a 叫作对数的底数，N 叫作真数.

以 10 为底的对数叫作常用对数，记作　$x=\log_{10}N=\lg N$.

以 e 为底的对数叫作自然对数，记作　$x=\log_e N=\ln N$.

对数的性质　1. 当 $a>0$，$a\neq 1$ 时 $a^x=N \Leftrightarrow x=\log_a N$；

2. 负数和零没有对数；

3. $\log_a 1=0$，$\log_a a=1$.

对数的运算　$a>0$，$a\neq 1$，$M>0$，$N>0$

1. $\log_a(M\cdot N)=\log_a M\cdot\log_a N$；

2. $\log_a \dfrac{M}{N}=\log_a M-\log_a N$；

3. $\log_a M^n=n\log_a M$（$n\in\mathbf{R}$）.

**例 1** 将指数式化为对数式，对数式化为指数式，并把算式读出.

1. $5^4=625$；
2. $2^{-6}=\frac{1}{64}$；
3. $\left(\frac{1}{3}\right)^m=5.73$；
4. $\log_{\frac{1}{2}}16=-4$；
5. $\lg 0.01=-2$；
6. $\ln 10=2.303$.

解：

1. $5^4=625$ 读作 5 的四次方（幂）等于 625，
   $\log_5 625=4$ 读作 以 5 为底的 625 的对数等于 4；
2. $2^{-6}=\frac{1}{64}$ 读作 2 的-6次幂（方）等于$\frac{1}{64}$，
   $\log_2\frac{1}{64}=-6$ 读作 以 2 为底的$\frac{1}{64}$的对数等于-6；
3. $\left(\frac{1}{3}\right)^m=5.73$ 读作 $\frac{1}{3}$的 m 次幂等于 5.73，
   $\log_{\frac{1}{3}}5.73=m$ 读作 以$\frac{1}{3}$为底的 5.73 的对数等于 m；
4. $\log_{\frac{1}{2}}16=-4$ 读作 以$\frac{1}{2}$为底的 16 的对数等于-4，
   $\left(\frac{1}{2}\right)^{-4}=16$ 读作 $\frac{1}{2}$的-4次幂等于 16；
5. $\lg 0.01=-2$ 读作 以 10 为底的 0.01 的对数等于-2，
   或 0.01 的常用对数等于-2，
   $10^{-2}=0.01$ 读作 10 的-2次幂等于 0.01；
6. $\ln 10=2.303$ 读作 以 e 为底的 10 的自然对数等于 2.303，
   或 10 的自然对数等于 2.303，
   $e^{2.303}=10$ 读作 e 的 2.303 次幂等于 10.

**例 2** 求下式中 x 的值.

1. $\log_{64}x=-\frac{2}{3}$；
2. $\log_x 8=6$；
3. $\lg 100=x$；
4. $-\ln e^2=x$.

解：

1. 因为 $\log_{64}x=-\frac{2}{3}$，所以

$$x=64^{-\frac{2}{3}}=(4^3)^{-\frac{2}{3}}=4^{-2}=\frac{1}{16};$$

2. 因为 $\log_x 8=6$，所以

$x^6=8$，于是

$$x=8^{\frac{1}{6}}=(2^3)^{\frac{1}{6}}=2^{\frac{1}{2}}=\sqrt{2};$$

3. 因为 $\lg 100=x$，所以

$10^x=100=10^2$，于是

$$x=2.$$

4. 因为 $-\ln e^2=x$，所以

$\ln e^2=-x$，$e^2=e^{-x}$，于是

$$x=-2.$$

 **例 3**　用 $\log_a x$，$\log_a y$，$\log_a z$ 表示下列各式.

1. $\log_a \dfrac{xy}{z}$；　　　　2. $\log_a \dfrac{x^2\sqrt{y}}{\sqrt[3]{z}}$.

解：

1. $\log_a \dfrac{xy}{z}=\log_a(xy)-\log_a z$

$$=\log_a x+\log_a y-\log_a z;$$

2. $\log_a \dfrac{x^2\sqrt{y}}{\sqrt[3]{z}}=\log_a(x^2\sqrt{y})-\log_a \sqrt[3]{z}$

$$=\log_a(x^2)+\log_a(\sqrt{y})-\log_a \sqrt[3]{z}$$

$$=2\log_a x+\frac{1}{2}\log_a y-\frac{1}{3}\log_a z.$$

 **例 4**　计算下列各式.

1. $\log_2(4^7\cdot 2^5)$；　　　　2. $\lg \sqrt[5]{100}$.

解： $\log_2(4^7\cdot 2^5)=\log_2 4^7+\log_2 2^5$

$$=7\times\log_2 4+5\times\log_2 2$$

$$=7\times 2+5\times 1$$

$$=19.$$

$\lg \sqrt[5]{100}=\lg (10)^{\frac{2}{5}}$

$$=\frac{2}{5}.$$

读一读

对数恒等式 $a^{\log_a N}=N$

对数的换底公式 $\log_a b=\dfrac{\log_c b}{\log_c a}$ $(a>0,\ a\neq1;\ c>0,\ c\neq1;\ b>0)$

练一练

(一) 把指数式写成对数式，并读出算式.

1. $3^x=1$；
2. $4^x=\frac{1}{6}$；
3. $4^x=2$；
4. $2^x=0.5$；
5. $10^x=25$；
6. $5^x=6$；
7. $2^3=8$；
8. $2^{-1}=\frac{1}{2}$；
9. $3^3=27$；
10. $27^{-\frac{1}{3}}=\frac{1}{3}$.

(二) 把对数式写成指数式，并读出算式.

1. $\log_3 9=2$；
2. $\log_2 \frac{1}{4}=-2$；
3. $\log_5 125=3$；
4. $\log_3 \frac{1}{81}=-4$；
5. $x=\log_5 27$；
6. $x=\log_8 7$；
7. $x=\log_4 3$；
8. $x=\log_7 \frac{1}{3}$；
9. $x=\lg 0.3$；
10. $x=\ln\sqrt{3}$.

(三) 计算

1. $\log_5 25$；
2. $\log_2 \frac{1}{16}$；
3. $\lg 1000$；
4. $\lg 0.001$；
5. $\log_{15} 15$；
6. $\log_{0.4} 1$；
7. $\log_9 81$；
8. $\log_{2.5} 6.25$；
9. $\log_7 343$；
10. $\log_3 243$.
11. $\log_3(27\cdot 9^2)$；
12. $\lg 100^2$；
13. $\lg 0.00001$；
14. $\lg\sqrt{49}$；
15. $\log_2 6-\log_2 3$；
16. $\log_5 3+\log_5 \frac{1}{3}$；

17. $\log_a 2+\log_a \frac{1}{2}$ $(a>0, a\neq 1)$；

18. $\log_3 18-\log_3 2$；

19. $\lg \frac{1}{4}-\lg 25$；

20. $2\times\log_5 10+\log_5 0.25$；

21. $2\times\log_5 25-3\times\log_2 64$；

22. $\log_2(\log_2 16)$.

（四）用 $\lg x$，$\lg y$，$\lg z$ 表示下列各式.

1. $\lg \frac{x}{yz}$；

2. $\lg \frac{\sqrt{x}}{\sqrt[3]{z}}$；

3. $\lg(xyz)$；

4. $\lg \frac{xy^3}{\sqrt{z}}$.

（五）求 x 的值.

1. $\lg x=\lg a+\lg b$；

2. $\log_a x=\log_a m-\log_a n$；

3. $\lg x=3\times\lg n-\lg m$；

4. $\log_a x=\frac{1}{2}\log_a b-\log_a c$.

（六）利用换底公式化简下列各式.

1. $\log_a c\cdot\log_c a$；
2. $\log_2 3\cdot\log_3 4\cdot\log_4 5\cdot\log_5 2$；
3. $(\log_4 3+\log_8 3)(\log_3 2+\log_9 2)$.

想一想

在 $x=\log_a N$ 中，令 $N=1$，那么

若 $a=10$，x 的值是多少？

若 $a=\mathrm{e}$，x 的值是多少？

对任意的 $a\in\mathbf{R}$，x 的值都一样吗？是多少？

4.5.2　对数函数及其性质

认一认

原函数	yuánhánshù	primitive function
反函数	fǎnhánshù	inverse function
对数函数	duìshù hánshù	logarithmic function

学一学

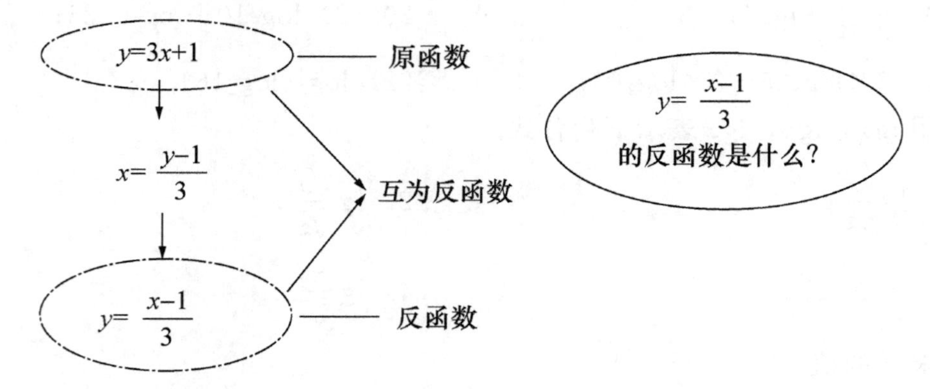

$y=\frac{x-1}{3}$称为 $y=3x+1$ 的反函数，$y=3x+1$ 称为原函数，

也称 $y=3x+1$ 与 $y=\frac{x-1}{3}$互为反函数；

原函数的自变量 x，对应反函数的变量 y，
原函数的定义域和反函数的值域相同.

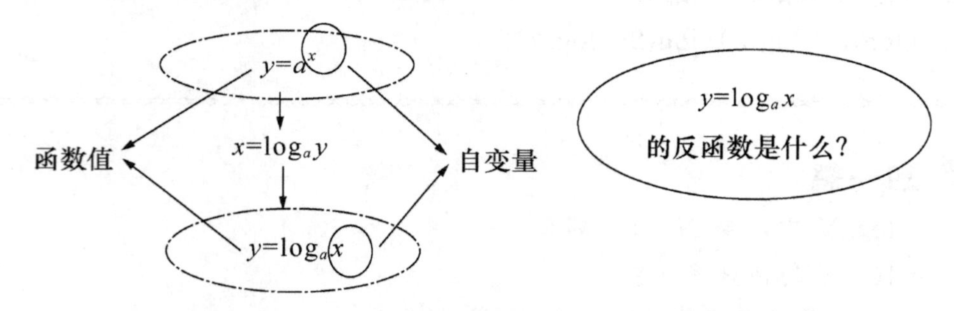

$y=\log_a x$ （$a>0$，$a\neq1$）叫作对数函数，函数的定义域是（0，$+\infty$）.

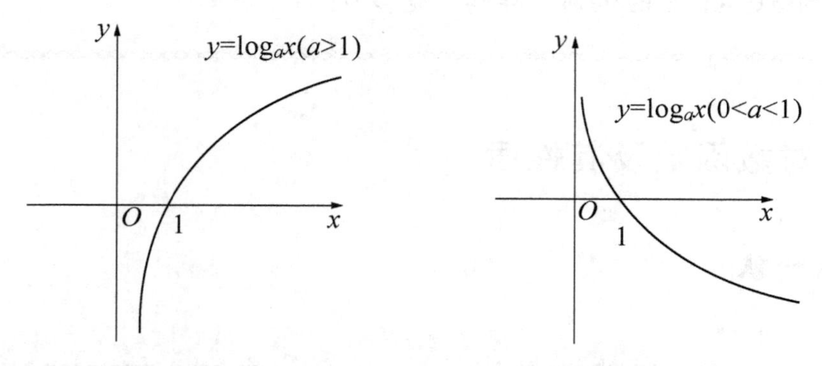

对数函数性质　1. 定义域是（0，$+\infty$）（曲线在 y 轴右侧）；
　　　　　　　2. 值域是（$-\infty$，$+\infty$）；
　　　　　　　3. 曲线过定点（1，0）；

4. $a>1$ 时是增函数；

5. $0<a<1$ 时是减函数；

6. $y=\log_a x$，$y=\log_{\frac{1}{a}} x$ 图像关于 x 轴对称.

例 1　求下列函数的反函数.

1. $y=x^3+1(x\in\mathbf{R})$；

2. $y=\dfrac{x+1}{x-1}$ $(x\neq1)$；

3. $y=\sqrt{x-1}$ $(x\geqslant1)$；

4. $y=|x|$ $(x\in\mathbf{R})$；

5. $y=2^{x-1}$ $(x\in\mathbf{R})$；

6. $y=\ln(2x-1)$ $\left(x>\dfrac{1}{2}\right)$.

解：

1.

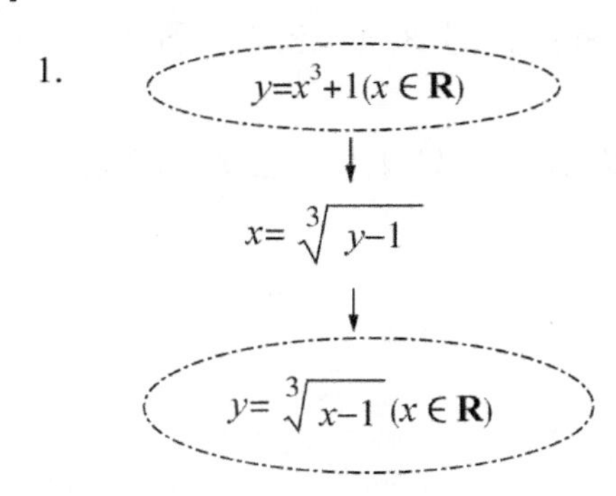

2.

$y=\dfrac{x+1}{x-1}$

↓

$x=\dfrac{y+1}{y-1}$

↓

$y=\dfrac{x+1}{x-1}\ (x\neq1)$

3.

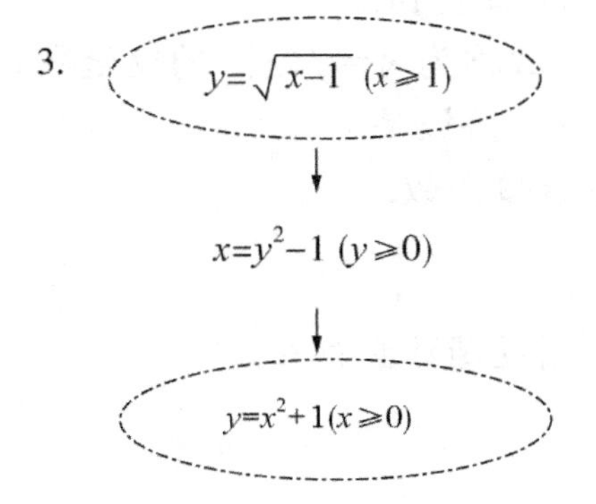

4.

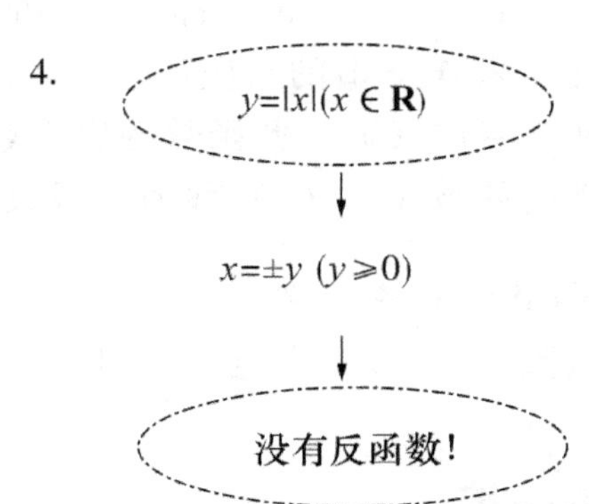

5.

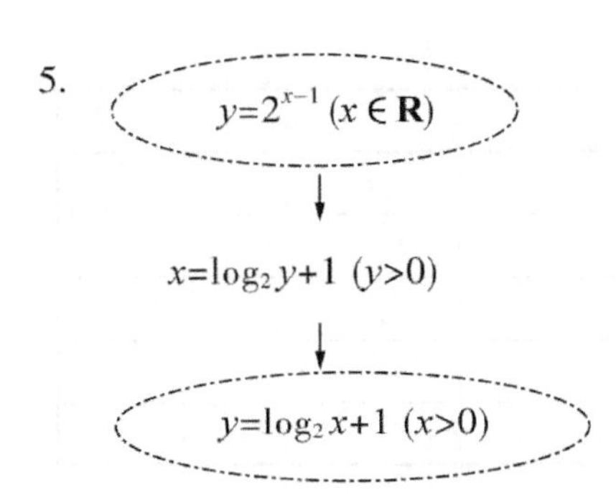

6.

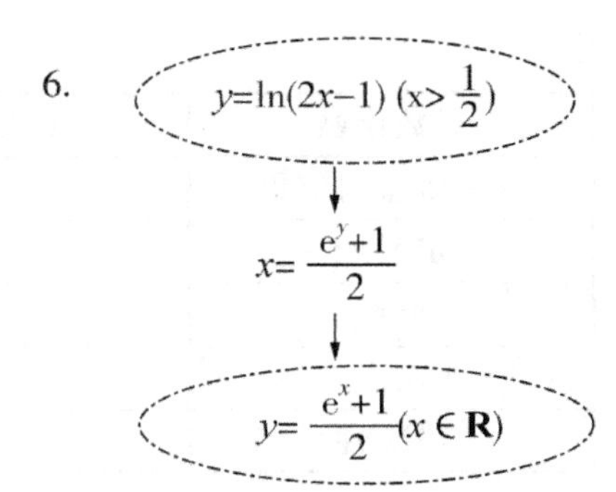

例 2 求下列函数的定义域.

1. $y=\log_a x^2$；　　2. $y=\log_a(4-x)$.

解：

1. 因为 $x^2>0$，即 $x\neq 0$；所以
   $y=\log_a x^2$ 的定义域为 $\{x \mid x\neq 0\}$.
2. 因为 $4-x>0$，即 $x<4$；所以
   $y=\log_a(4-x)$ 的定义域为 $\{x \mid x<4\}$.

例 3 比较下列各组函数大小.

1. $\log_2 3.4$，$\log_2 8.5$；　　2. $\log_{0.3}1.8$，$\log_{0.3}2.7$.

解：

1. 因为 $\log_2 x$ 在 $(0,+\infty)$ 上是增函数，且 $3.4<8.5$，所以
   $\log_2 3.4<\log_2 8.5$.
2. 因为 $\log_{0.3}x$ 在 $(0,+\infty)$ 上是减函数，且 $1.8<2.7$，所以
   $\log_{0.3}1.8>\log_{0.3}2.7$.

读一读

反函数的定义

设函数 $y=f(x)$ 的定义域是 D，值域是 W.
若对于每一个 $y\in W$，都有唯一的 $x\in D$ 满足 $f(x)=y$，
把此 x 看作 y 值的对应值，得到的新函数称为 $y=f(x)$ 的反函数，
记作 $x=f^{-1}(y)$；此函数的定义域是 W，值域是 D；
原来的函数 $y=f(x)$ 称为原函数，或直接函数.

反函数的存在定理

若函数 $y=f(x)$ 在定义区间上单调，则反函数必存在.

练一练

（一）填表

对数函数	$0<a<1$	$a>1$
$y=\log_a x$ 图像		
定义域		
值域		
定点		
增减性		

（二）求下列函数的定义域.

1. $y=\log_5(1-x)$；

2. $y=\dfrac{1}{\log_2 x}$；

3. $y=\log_7\dfrac{1}{1-3x}$；

4. $y=\sqrt{\log_3 x}$；

5. $y=\sqrt[3]{\log_x}$；

6. $y=\sqrt{\log_{0.3}(4x-3)}$.

（三）比较下列各组函数的大小.

1. $\log_{10}6$，$\log_{10}8$；

2. $\log_{0.5}6$，$\log_{0.5}4$；

3. $\log_{\frac{2}{3}}0.5$，$\log_{\frac{2}{3}}0.6$；

4. $\log_{1.5}1.6$，$\log_{1.5}1.4$.

想一想

$y=x^2$（$x\in\mathbf{R}$）在定义域上有反函数吗?

第五章　三角函数

5.1　三角函数值

5.1.1　角

认一认

角	jiǎo	angle
边	biān	side
度	dù	degree
直角	zhíjiǎo	right angle
锐角	ruìjiǎo	acute angle
平角	píngjiǎo	straight angle
钝角	dùnjiǎo	obtuse angle
顺时针	shùnshízhēn	clockwise
逆时针	nìshízhēn	counterclockwise
旋转	xuánzhuǎn	rotation
终边	zhōngbiān	terminal side
始边	shǐbiān	initial side
顶点	dǐngdiǎn	vertex
正角	zhèngjiǎo	positive angle
负角	fùjiǎo	negative angle
零角	língjiǎo	zero angle
象限角	xiàngxiànjiǎo	quadrant angle
轴线角	zhóuxiànjiǎo	axis angle
射线	shèxiàn	ray
周角	zhōujiǎo	round angle
平面	píngmiàn	plane

学一学

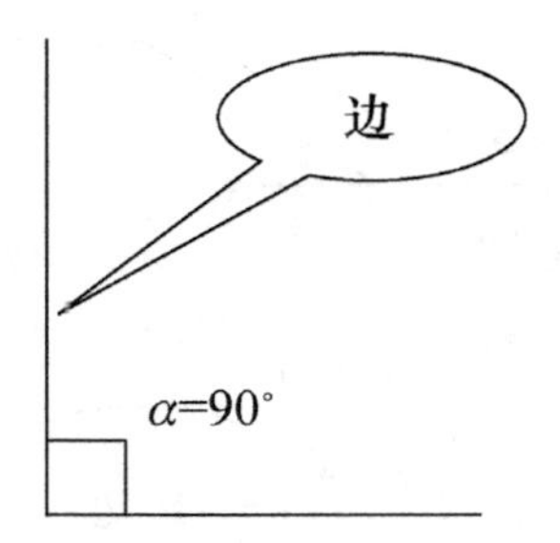

$\angle\alpha=90°$
叫作直角，读作角 α 等于 90 度.

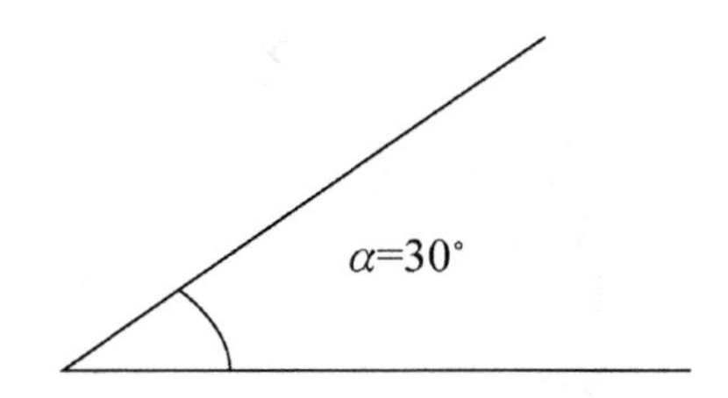

$0°<\angle\alpha<90°$
叫作锐角，读作角 α 等于 30 度，是锐角.

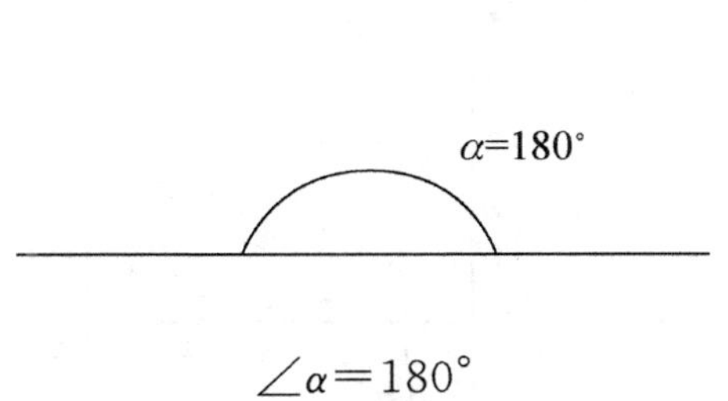

$\angle\alpha=180°$
叫作平角.

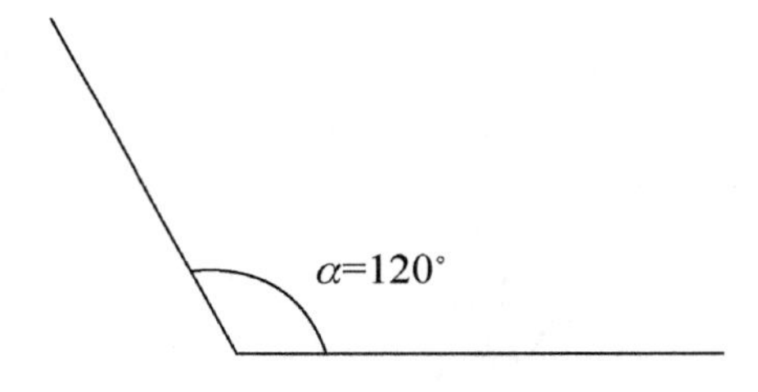

$90°<\angle\alpha<180°$
叫作钝角.

顺时针方向

逆时针方向

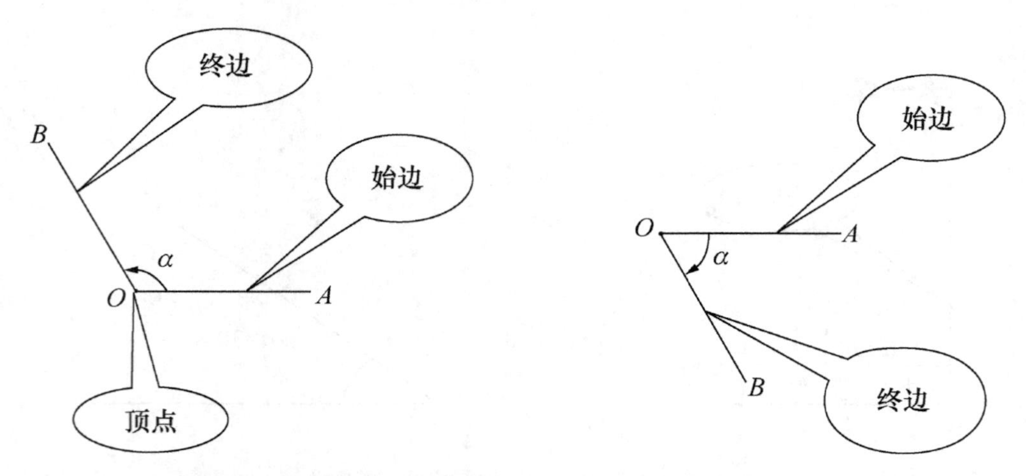

OA 绕点 O 旋转到 OB 所形成的角，记为$\angle AOB$，简记为$\angle O$.

OA 称为始边，OB 称为终边，O 称为角的顶点.

逆时针方向旋转形成的角叫作正角；

顺时针方向旋转形成的角叫作负角.

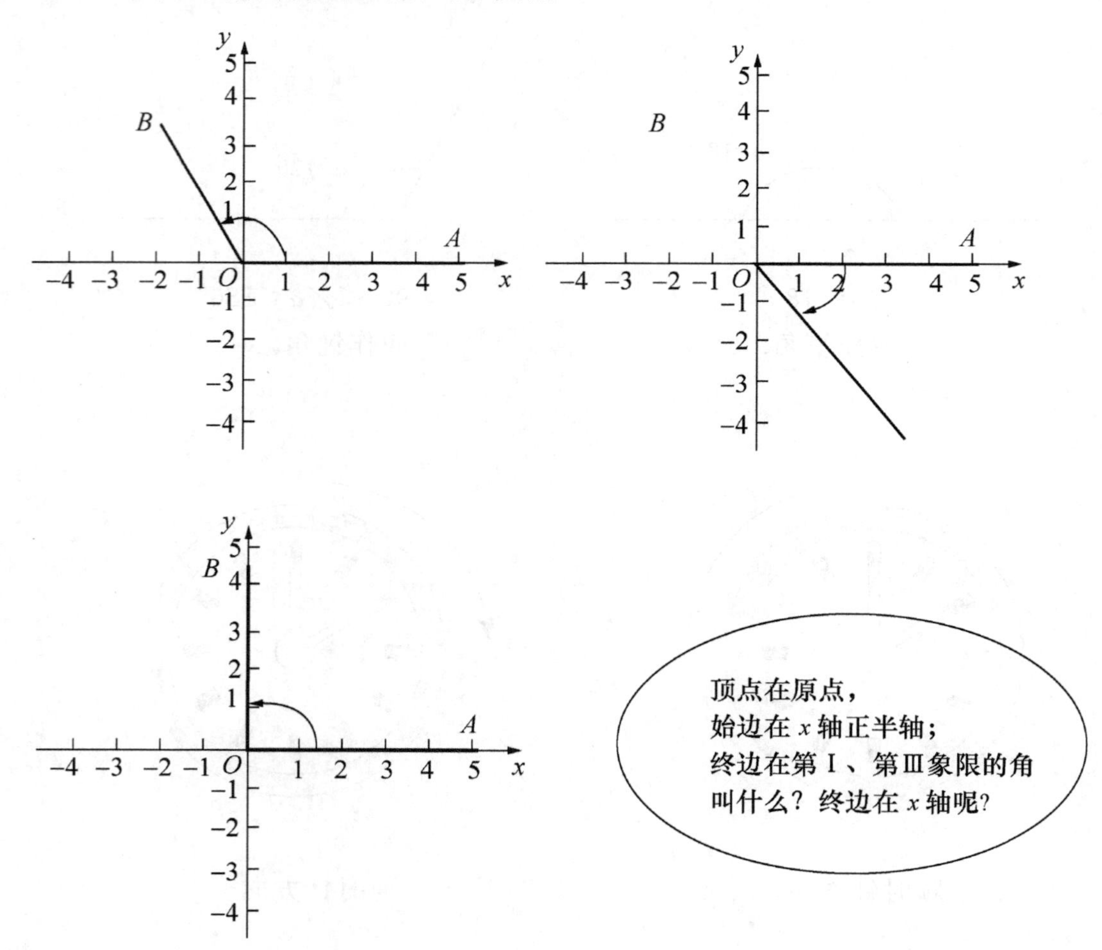

$\angle AOB$ 顶点在原点，始边在 x 轴正半轴；
若终边 OB 在第Ⅱ象限，称$\angle AOB$ 为第Ⅱ象限角；
若终边 OB 在第Ⅳ象限，称$\angle AOB$ 为第Ⅳ象限角；
若终边在 y 轴，称$\angle AOB$ 为 y 轴线角.

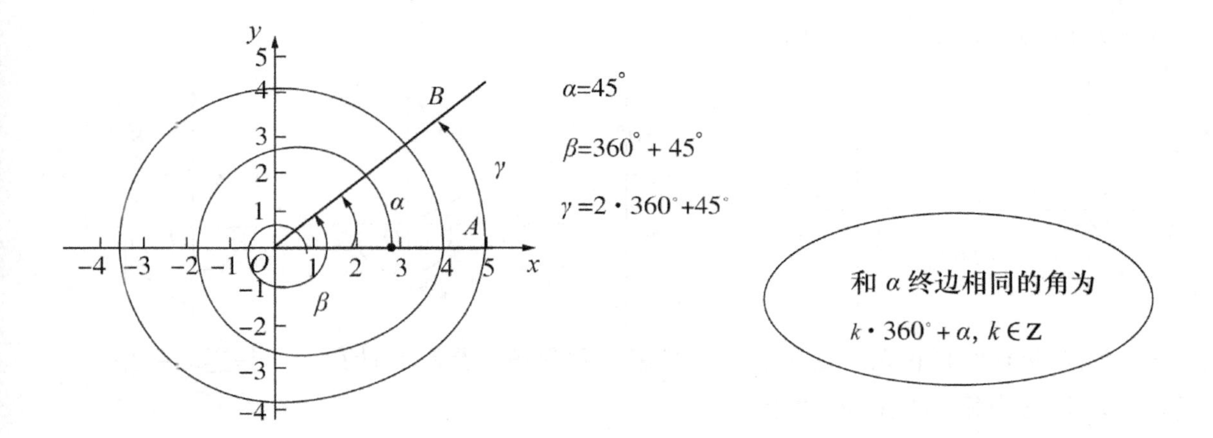

若 α 是第Ⅰ象限角，则 $k\cdot360°<\alpha<k\cdot360°+90°$，$k\in\mathbf{Z}$；
若 α 是第Ⅱ象限角，则 $k\cdot360°+90°<\alpha<k\cdot360°+180°=(2k+1)\cdot180°$；
若 α 是第Ⅲ象限角，则 $k\cdot360°+180°<\alpha<k\cdot360°+270°=(2k+1)\cdot180°+90°$；
若 α 是第Ⅳ象限角，则 $k\cdot360°+270°<\alpha<k\cdot360°+360°=(k+1)\cdot360°$.

 **例 1**　已知 $0<\alpha<360°$，且与 $1100°$ 的终边相同，求角 α.

解： 因为 $1100°=1080°+20°=3\cdot360°+20°$，故 $\alpha=20°$.

 **例 2**　已知角 α 顶点在原点，始边在 x 轴正半轴，且 $\alpha=-2111°$，角 α 终边在第几象限？

解： $\alpha=-2111°=-6\cdot360°+49°$，故角 α 终边在第Ⅰ象限.

读一读

射线　直线上的一点和它一旁的部分所组成的图形称为射线，
该点称为射线的端点.

角　平面内，一条射线绕它的端点旋转所形成的图形叫作角，
射线的端点叫作角的顶点，射线称为角的边.
旋转开始时的射线叫作角的始边，终止时的射线叫作角的终边.

周角　逆时针旋转时，当始边和终边第一次完全重合时，所构成的角叫周角.
把周角分成 360 等份，每一份就是一度.

零角　特别地，当一条射线没有任何旋转时，我们也认为形成了一个角，称为零角，记为 0°.

练一练

（一）读出下图所示的各角.

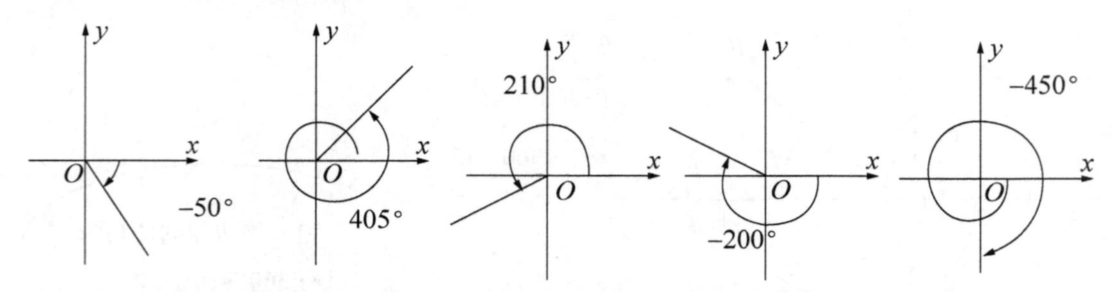

（二）判断它们是正角，还是负角？是第几象限角？是顺时针角，还是逆时针角？

（三）和它们终边相同的角怎么表示？

（四）选择正确的答案填入括号中.

1. 已知 α 是锐角，那么 2α 是（　　）；

A. 第Ⅰ象限角　　B. 第Ⅱ象限角
C. 小于平角的正角　　D. 不大于直角的正角

2. 已知 α 是钝角，那么 $\frac{\alpha}{2}$ 是（　　）；

A. 第Ⅰ象限角　　B. 第Ⅱ象限角
C. 不小于直角的正角　　D. 不大于直角的正角

3. 已知 α 是第Ⅲ象限角，则 $\frac{\alpha}{3}$ 是（　　）；

A. 第Ⅰ象限角　　B. 第Ⅱ象限角
C. 第Ⅲ象限角　　D. 钝角

4. 已知 α 是周角，则 $\frac{\alpha}{4}$ 是（　　）；

A. 直角　　B. 平角
C. 锐角　　D. 钝角

5. 已知 α 是零角，和 α 终边相同的角是（　　）；

A. 直角　　B. 平角
C. 周角　　D. 轴线角

6. 已知 $\alpha=450°$，则 α 是（　　）；

A. 第Ⅰ象限角　　B. 第Ⅱ象限角
C. y 轴线角　　D. x 轴线角

想一想

顶点在原点，始边在 x 轴正半轴，那么

1. 终边在 x 轴的正半轴、负半轴的角怎么表示？
2. 终边在 y 轴的正半轴、负半轴的角怎么表示？
3. 终边在 x 轴的角怎么表示？
4. 终边在 y 轴的角怎么表示？

5.1.2　弧度制

认一认

条件	tiáojiàn	condition
轨迹	guǐjì	locus
圆	yuán	circle
圆心	yuánxīn	centre of a circle
半径	bànjìng	radius
线段	xiànduàn	line segment
弦	xián	chord
直径	zhíjìng	diameter
圆心角	yuánxīnjiǎo	central angle
圆弧	yuánhú	arc
弧度	húdù	radian
弧度制	húdùzhì	radian measure
角度制	jiǎodùzhì	degree measure
比值	bǐzhí	ratio
比例	bǐlì	proportion

学一学

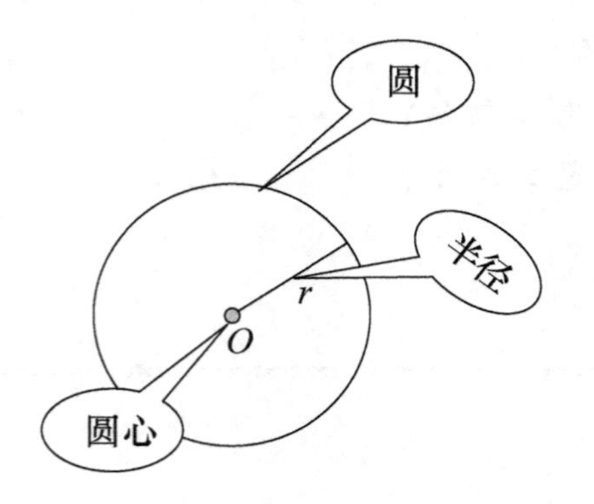

满足一定条件的所有的点所形成的图形，称为该点的轨迹.直线也可以看成点的轨迹.

平面内，到定点的距离等于定长的点的轨迹，称为圆；
定点称为圆心，定长称为半径.

圆上任意两个点之间的连线叫作弦，这两个点叫作弦的端点.

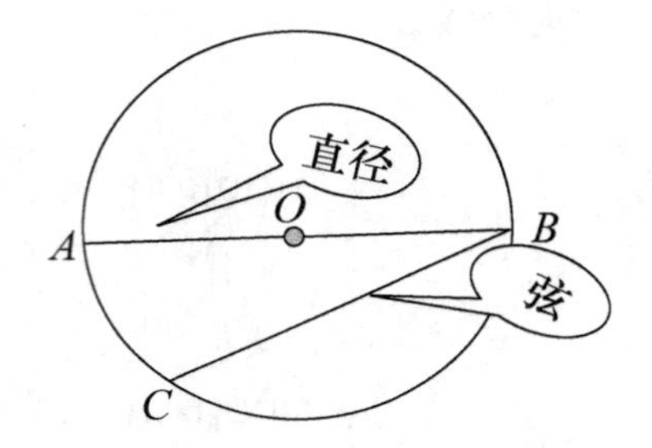

连接圆上任意两点的线段（线段 AB，AC）叫作弦，
以 A、C 为端点的弦记作$\overline{AC}$，读作“弦 AC”.
经过圆心的弦叫作直径.
圆上任意两点间的部分叫作圆弧，简称弧.
以 A、C 为端点的弧记作$\overset{\frown}{AC}$，读作“圆弧 AC”，或“弧 AC”；
圆的任意一条直径把圆分成两条弧，每一条弧都叫作半圆.

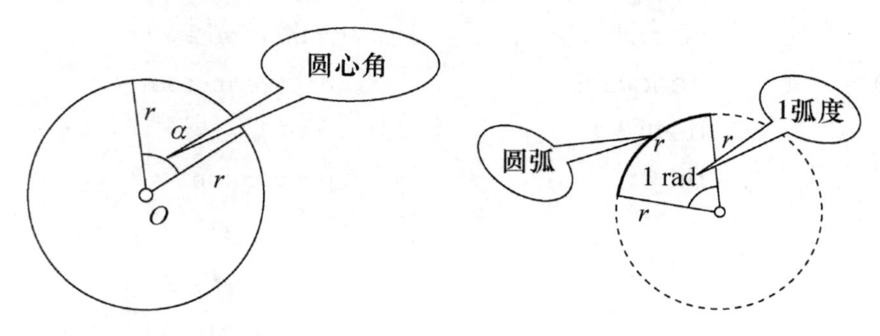

顶点在圆心的角称为圆心角，
等于半径长的圆弧所对的圆心角称为 1 弧度的角.

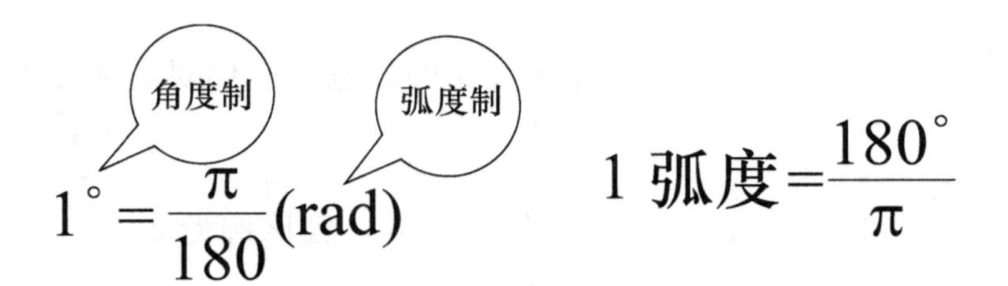

用弧度（rad）表示角的方法称为弧度制，
用度（°）表示角的方法称为角度制.

 **例 1**　把下列角写成弧度制，并确定角所在的象限.

1. 360°；　　2. 315°；
3. −1380°；　　4. 930°.

解：

1. $180^\circ=\pi$，$360^\circ=2\pi$，是 x 轴线角，不在任何象限；
2. $1^\circ=\frac{\pi}{180}$，$315^\circ=315\cdot\frac{\pi}{180}=\frac{7}{4}\pi$，是第Ⅳ象限角；
3. $-1380^\circ=-1380\cdot\frac{\pi}{180}=-\frac{23}{3}\pi=-\frac{24}{3}\pi+\frac{\pi}{3}=-8\pi+\frac{\pi}{3}$，

   与$\frac{\pi}{3}$终边相同，是第Ⅰ象限角.
4. $930^\circ=930\cdot\frac{\pi}{180}=\frac{31}{6}\pi=4\pi+\frac{7}{6}\pi$，与 $\frac{7}{6}\pi$ 终边相同，是第Ⅲ象限角.

读一读

定理　在同圆或等圆中，相等的圆心角所对的弧相等，所对的弦也相等.
推论 1　在同圆或等圆中，若圆心角所对的弧相等，则圆心角也相等.
推论 2　在同圆或等圆中，若圆心角所对的弦相等，则圆心角也相等.

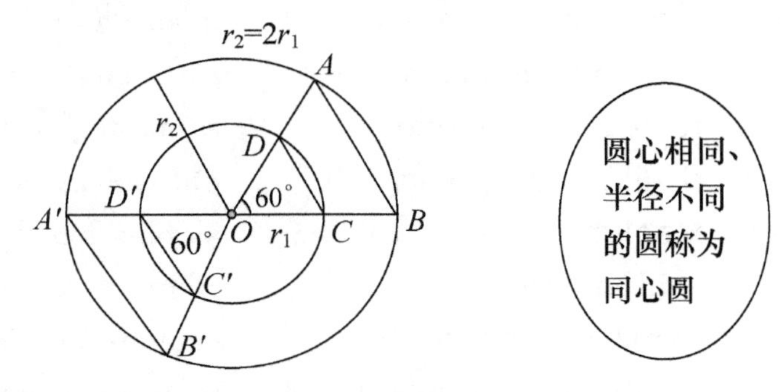

$\frac{r_2}{r_1}=2$，我们称两个半径的比值为 2，读作　r_2 比 r_1 等于 2.

$\dfrac{\overset{\frown}{AB}}{\overset{\frown}{CD}}=\dfrac{r_2}{r_1}$，弧长的比值和半径的比值相同，也称它们对应成比例.

$\dfrac{\overset{\frown}{AB}}{\overset{\frown}{CD}}=\dfrac{\overline{AB}}{\overline{CD}}=2$，对应的弧长和弦长成比例，且比例为 2.

在同心圆中，同一圆心角所对的弧长和弦长对应成比例.

练一练

用弧度表示下列各角.

0°，30°，45°，60°，90°，120°，135°，150°，180°，360°，100°，−330°，145°，−660°，1090°，−1120°，1035°，1650°，1080°，3600°.

想一想

在半径为 1 的圆中，如果圆心角是直角，则所对的弧长是多少？所对的弦长是多少？

5.1.3 三角形

认一认

边	biān	side
内角	nèijiǎo	interior angle
三角形	sānjiǎoxíng	triangle
四边形	sìbiānxíng	quadrilateral
直角三角形	zhíjiǎo sānjiǎoxíng	right-angled triangle
锐角三角形	ruìjiǎo sānjiǎoxíng	acute-angled triangle
钝角三角形	dùnjiǎo sānjiǎoxíng	obtuse-angled triangle
斜边	xiébiān	sloping side
直角边	zhíjiǎobiān	right-angle side
等边三角形	děngbiān sānjiǎoxíng	equilateral triangle
等腰三角形	děngyāo sānjiǎoxíng	isosceles triangle
全等三角形	quánděng sānjiǎoxíng	congruent triangles

相似三角形	xiāngsì sānjiǎoxíng	similar triangles
顶角	dǐngjiǎo	vertex angle
底边	dǐbiān	base
底角	dǐjiǎo	base angle
垂线	chuíxiàn	perpendicular line
垂足	chuízú	foot of a perpendicular
高	gāo	altitude
面积	miànjī	area
中点	zhōngdiǎn	midpoint
中线	zhōngxiàn	midline
角平分线	jiǎopíngfēnxiàn	bisector of angle

学一学

(一) 三角形的基本知识

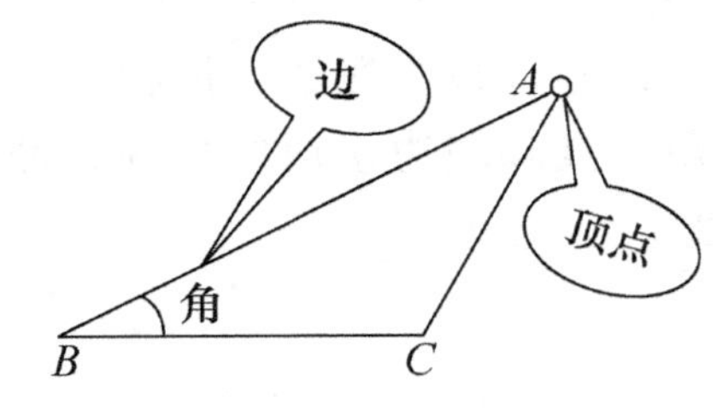

不在同一条直线上的三条线段，首尾顺次相接所组成的图形叫三角形，记为△ABC；读作　三角形 ABC.

组成三角形的线段叫作三角形的边；

相邻两边的公共端点叫作三角形的顶点；

相邻两边所组成的角叫作三角形的内角，简称三角形的角.

三角形的内角和为180°.

三角形的任意两边之和大于第三边.

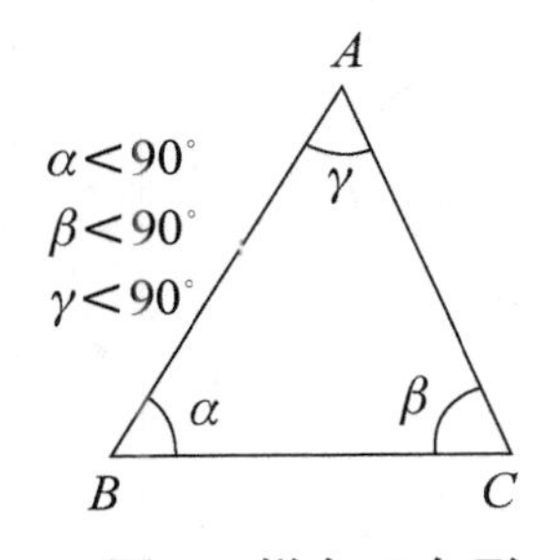

图1　锐角三角形

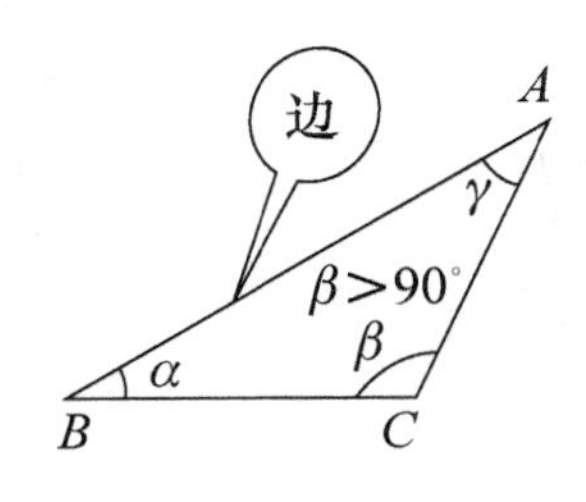

图2　钝角三角形

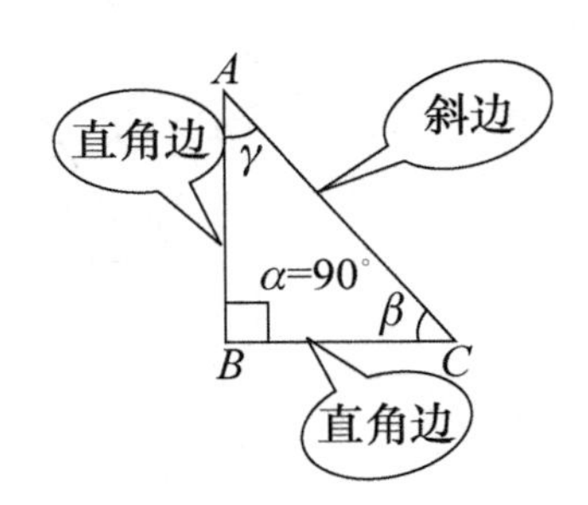

图3　直角三角形

三个角都是锐角的三角形称为锐角三角形（图 1）；

有一个角是钝角的三角形称为钝角三角形（图 2）；

有一个角是直角的三角形称为直角三角形（图 3），记为 Rt$\triangle ABC$.

直角所对的边称为斜边，相邻的边称为直角边，直角边小于斜边.

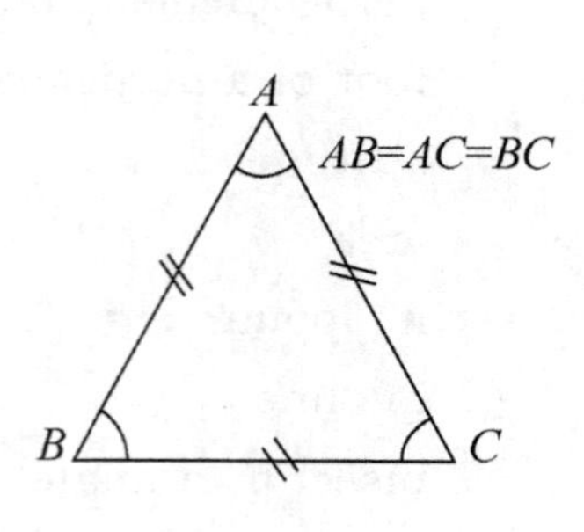

图 4　等边三角形

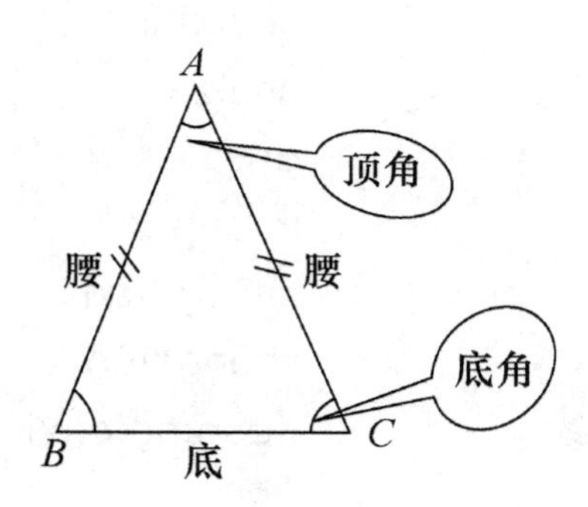

图 5　等腰三角形

三个边都相等的三角形称为等边三角形（图 4）；

两个边相等的三角形称为等腰三角形（图 5）；

相等的两个边称为腰，另一边称为底边，简称底.

两腰组成的角称为顶角，腰和底边组成的角称为底角.

（二）三角形的全等和相似

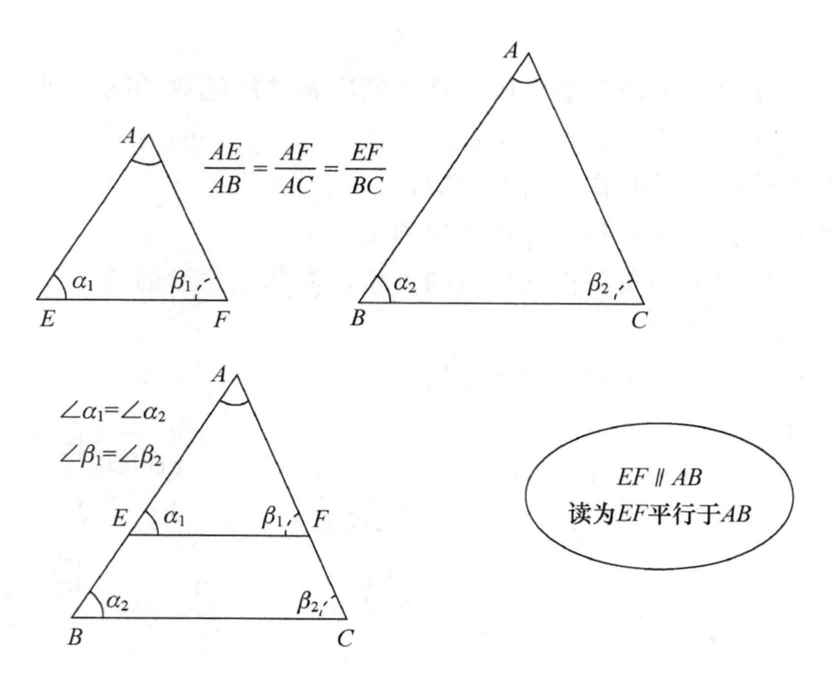

三个角对应相等，三个边也对应相等的三角形，称为全等三角形；

三个角对应相等，三个边对应成比例的三角形，称为相似三角形；

在$\triangle ABC$和$\triangle AEF$中，$\angle AEF=\angle ABC$，$\angle AFE=\angle ACB$，$\angle A=\angle A$，

$\dfrac{AE}{AB}=\dfrac{AF}{AC}=\dfrac{EF}{BC}$，故称$\triangle AEF$相似于$\triangle ABC$，记为$\triangle AEF\sim\triangle ABC$.

（三）中线、高线和角平分线

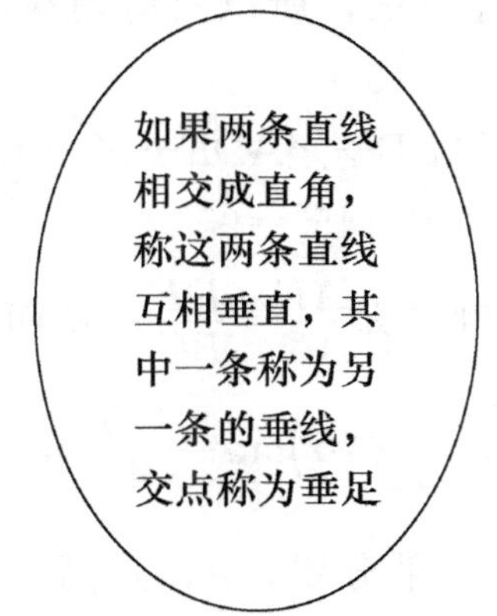

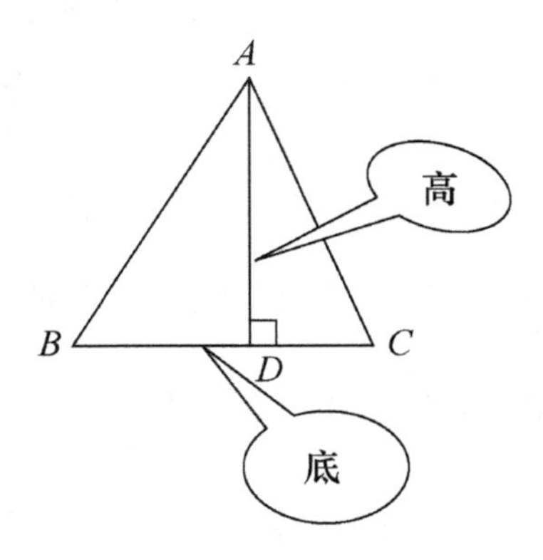

过A点作BC的垂线，交BC于点D，也称AD垂直于BC，记为$AD\perp BC$.

线段AD称为$\triangle ABC$的高.

三角形的面积等于底与高乘积的一半，记作$S_{\triangle ABC}=\dfrac{1}{2}\cdot BC\cdot AD$.

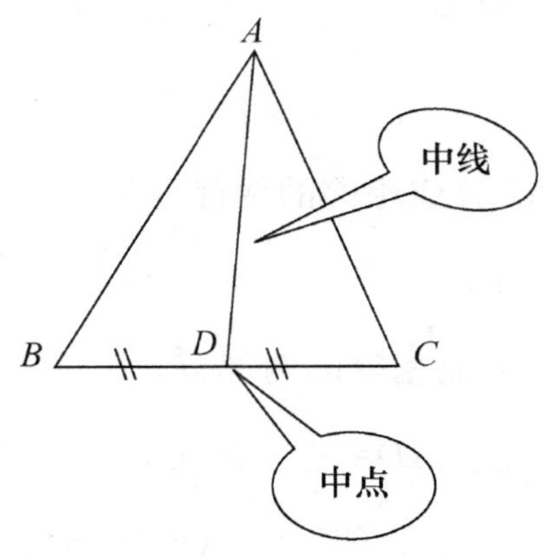

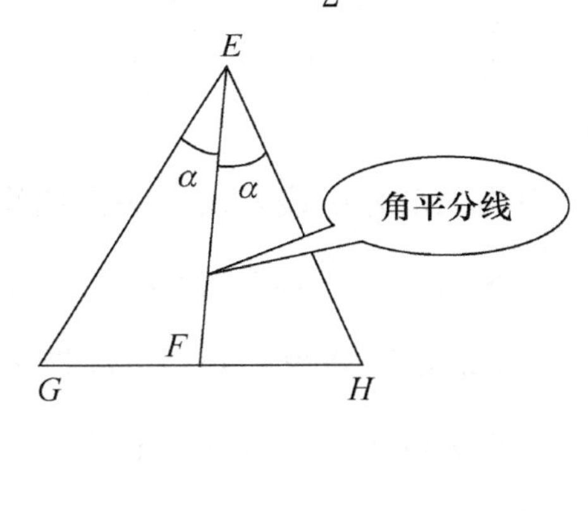

在$\triangle ABC$中，

点D把线段BC分成相等的两部分BD和DC，

称D为BC的中点；AD称为BC的中线；

三角形的三条中线交于一点.

在$\triangle EGH$中，

EF把$\angle GEH$分成相等的两部分，

EF称为三角形EGH的角平分线.

三角形的三条角平分线交于一点.

例 1 已知$\triangle ABC \sim \triangle ADE$，$AE=50$ cm，$EC=30$ cm，$BC=70$ cm，$\angle BAC=45°$，$\angle ACB=40°$，求：

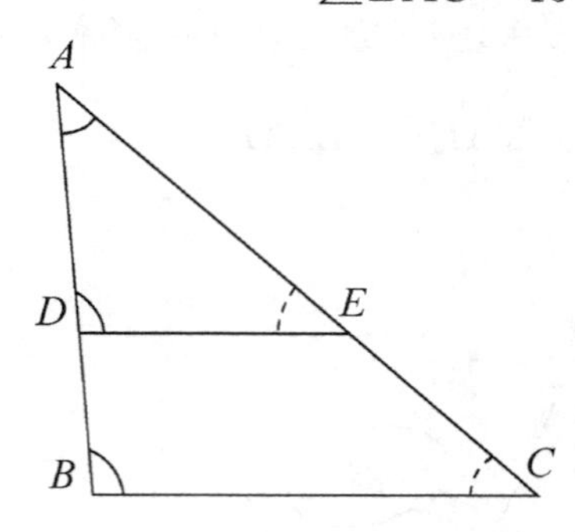

1. $\angle AED$和$\angle ADE$的度数；
2. DE的长度.

解：

1. 因为$\triangle ABC \sim \triangle ADE$，所以对应角相等，从而$\angle AED=\angle ACB=40°$；
   在$\triangle ADE$中，$\angle AED+\angle ADE+\angle A=180°$，所以$\angle ADE=180°-40°-45°=95°$.

2. 由$\triangle ABC \sim \triangle ADE$，可知对应边成比例，即$\dfrac{AE}{AC}=\dfrac{DE}{BC}$，从而

$$DE=\frac{AE}{AC}\cdot BC=\frac{AE}{AE+EC}\cdot BC=\left(\frac{50}{50+30}\cdot 70\right)\text{cm}=\frac{175}{4}\text{ cm}.$$

例 2 在$\triangle ABC$中，AE是中线，AD是角平分线，AF是高，则有

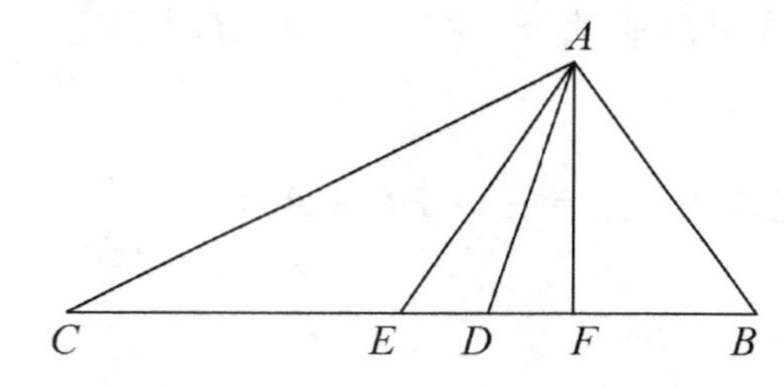

1. $BE=$______$=\dfrac{1}{2}$______；
2. $\angle BAD=$______$=\dfrac{1}{2}$______；
3. $\angle AFB=$______$=90°$.

解：

1. 因为AE是中线，所以AE把线段BC分成相等的两部分，
   也称AE平分BC，因此$BE=CE=\dfrac{1}{2}BC$；
2. AD是角平分线，所以AD把$\angle BAC$分成相等的两部分，
   也称AD平分$\angle BAC$，因此$\angle BAD=\angle CAD=\dfrac{1}{2}\angle BAC$；
3. 因为AF是高，故AF和BC垂直，所以$\angle AFB=\angle AFC=90°$.

读一读

直角三角形的性质

性质 1　直角三角形两直角边的平方和等于斜边的平方.

性质 2　在直角三角形中，斜边上的中线等于斜边的一半.

性质 3　直角三角形的两直角边的乘积等于斜边与斜边上高的乘积.

性质 4　30°角所对直角边等于斜边的一半.

相似三角形的判定

1. 定义法：对应角相等，对应边成比例的两个三角形相似.

2. 平行于三角形一边的直线和其它两边相交，所构成的三角形与原三角形相似.

3. 有两个角对应相等的两个三角形相似.

4. 两边对应成比例，且夹角相等的两个三角形相似.

5. 三边对应成比例的两三角形相似.

练一练

（一）说出三角形的名称，指出高的位置.

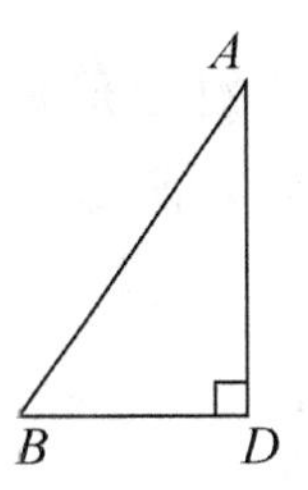

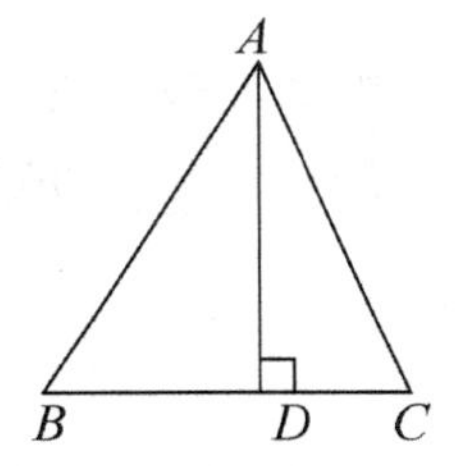

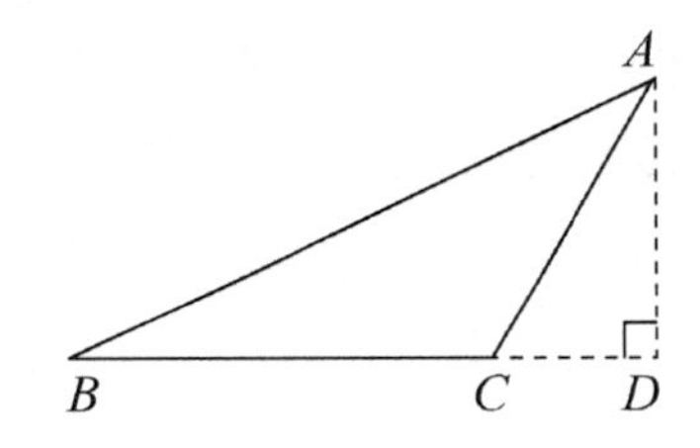

（二）图 6 中，BE，CF，AD 是三条中线，则 $AB=2$ ______；$BD=\frac{1}{2}$______；

图 7 中，BE，CF，AD 是三条角平分线，则 $\angle 1=$______；$\angle 3=\frac{1}{2}$______；$\angle ACB=2$ ______.

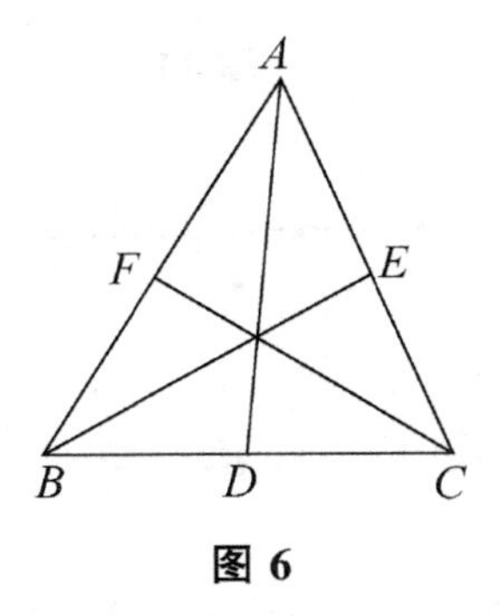

图 6

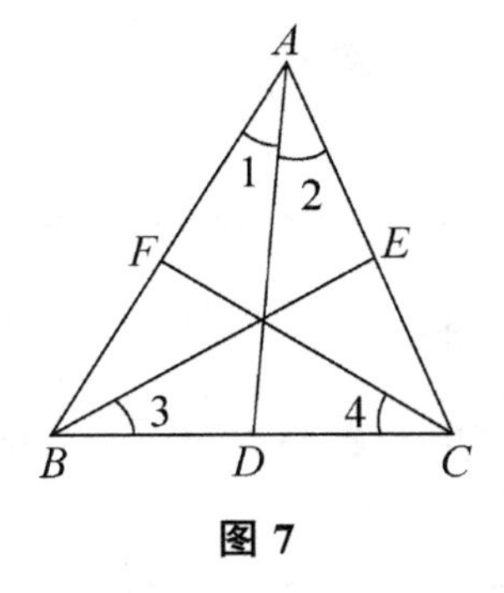

图 7

（三）图 8 中，已知 AC 与 BC 相交于点 O，$AB /\!/ CD$，如果 $\angle B=40°$，那么一定等于 40°的角为______.

（四）图 9 中，已知 D，E 分别是 $\triangle ABC$ 的 AB，AC 边上的点，$DE /\!/ BC$，且 $S_{\triangle ADE}:S_{\triangle ABC}=1:9$，则 $AE:AC=$______，$AE:EC=$______；若 $DE=6$，则 $BC=$______；若 $AE=8$，则 $EC=$______.

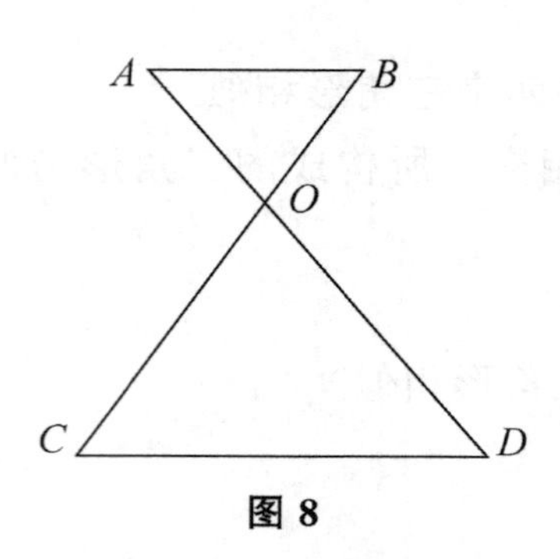

图 8

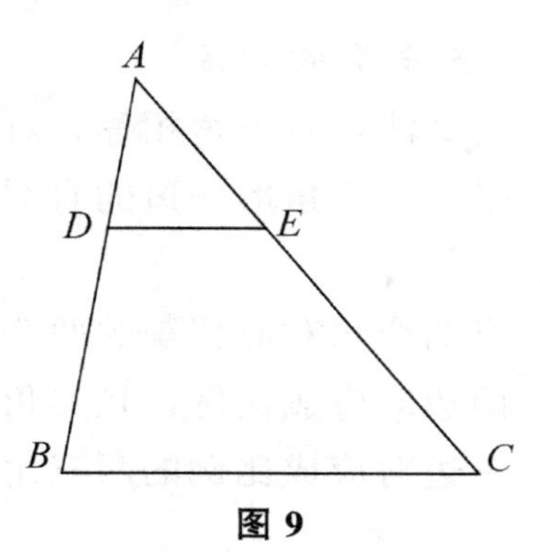

图 9

（五）如图 10 所示，已知 $AB\perp BD$，C 是线段 BD 的中点，且 $AC\perp CE$，$ED=1$，$BD=4$；那么 $\angle A=$______，$\angle E=$______，$CD=$______，$AB=$______，$AC=$______，$CE=$______.

（六）如图 11 所示，$\triangle ABC$ 是等边三角形，被一平行于 BC 的图形所截，AB 被截成三部分；设 $AB=3$，则 $EH=$______，$FG=$______，$S_{\triangle ABC}=$______，$S_{\triangle AEH}=$______，$S_{EHGF}=$______.

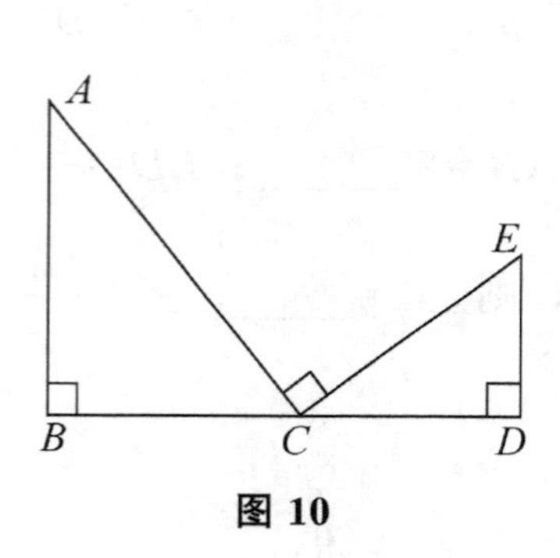

图 10

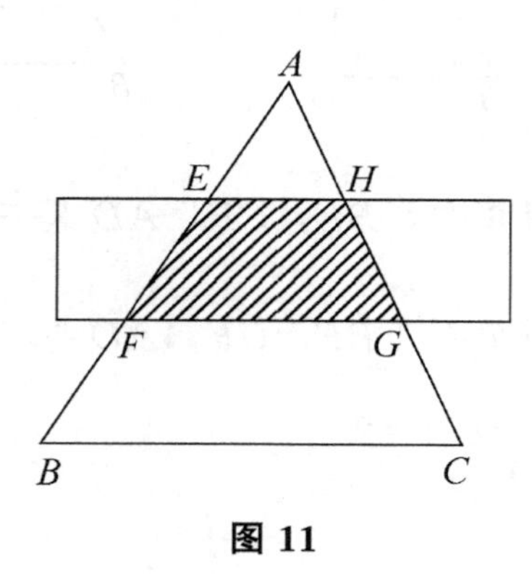

图 11

想一想

1. “cm” 是长度单位，读作 “厘米”（límǐ）；你还知道什么长度单位吗？写出它们.

2. 如果 $A\Rightarrow B$，那么称 A 是 B 的充分（chōngfèn）条件，B 是 A 的必要（bìyào）条件；

如果 $A\Leftrightarrow B$，那么称 A 是 B 的充要（chōngyào）条件（既是充分条件，也是必要条件），B 也是 A 的充要条件；

填空

A＝“三角形两个边相等”　B＝“等边三角形”　C＝“三角形三个边相等”

A 是 B 的__________条件；B 是 A 的__________条件；

C 是 B 的__________条件；B 是 C 的__________条件.

D＝“直角三角形”

E＝“有两个边相等的直角三角形”

F＝“等腰三角形”

D 是 E 的__________条件；E 是 D 的__________条件；

F 是 E 的__________条件；E 是 F 的__________条件.

5.1.4　三角函数值

认一认

正弦	zhèngxián	sine
余弦	yúxián	cosine
正切	zhèngqiē	tangent
余切	yúqiē	cotangent
正割	zhènggē	secant
余割	yúgē	cosecant
三角函数	sānjiǎo hánshù	trigonometric function

学一学

在角 α 的终边任取一点 $P(a, b) \neq O(0, 0)$，

P 点的横坐标是 a，纵坐标是 b，

到原点的距离是 $r=\sqrt{a^2+b^2}>0$.

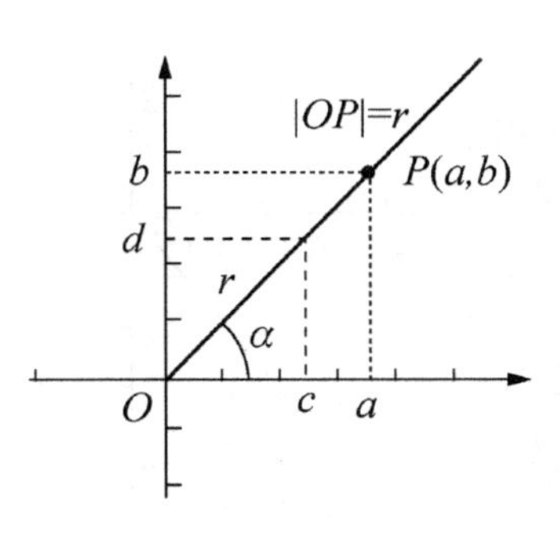

$\frac{b}{r}$称为角 α 的正弦，记为 $\sin\alpha$；$\frac{a}{r}$称为角 α 的余弦，记为 $\cos\alpha$；

$\frac{b}{a}$称为角 α 的正切，记为 $\tan\alpha$；$\frac{a}{b}$称为角 α 的余切，记为 $\cot\alpha$；

$\frac{r}{a}$称为角 α 的正割，记为 $\sec\alpha$；$\frac{r}{b}$称为角 α 的余割，记为 $\csc\alpha$；

α 的正弦、余弦、正切、余切、正割、余割都是 α 的函数，
统称为 α 的三角函数；对应的函数值称为三角函数值.

$$\tan\alpha=\frac{\sin\alpha}{\cos\alpha};\quad \cot\alpha=\frac{\cos\alpha}{\sin\alpha}$$
$$\sec\alpha=\frac{1}{\cos\alpha};\quad \csc\alpha=\frac{1}{\sin\alpha};$$

角 α 的正切和余切关系如何？

角 α 的正切值是正弦与余弦的比值；余切值是余弦与正弦的比值；
角 α 的正割和余弦互为倒数；余割和正弦互为倒数.

$$\sin^2\alpha+\cos^2\alpha=1$$
$$1+\tan^2\alpha=\sec^2\alpha$$
$$1+\cot^2\alpha=\csc^2\alpha$$

$\cos^2\alpha\leqslant 1 \Rightarrow |\cos\alpha|\leqslant 1$

$\sin^2\alpha\leqslant 1 \Rightarrow |\sin\alpha|\leqslant 1$

证明： $\sin\alpha=\frac{b}{r}$，$\cos\alpha=\frac{a}{r} \Rightarrow \cos^2\alpha+\sin^2\alpha=\left(\frac{a}{r}\right)^2+\left(\frac{b}{r}\right)^2=\frac{a^2+b^2}{r^2}=1$；

$$\sin^2\alpha+\cos^2\alpha=1 \Rightarrow \frac{\sin^2\alpha}{\cos^2\alpha}+\frac{\cos^2\alpha}{\cos^2\alpha}=\frac{1}{\cos^2\alpha} \Rightarrow \tan^2\alpha+1=\sec^2\alpha;$$

$$\sin^2\alpha+\cos^2\alpha=1 \Rightarrow \frac{\sin^2\alpha}{\sin^2\alpha}+\frac{\cos^2\alpha}{\sin^2\alpha}=\frac{1}{\sin^2\alpha} \Rightarrow 1+\cot^2\alpha=\csc^2\alpha.$$

例 1 已知角 α 的终边经过点 $P(-3,-4)$，求 α 的正弦、余弦、正切值.

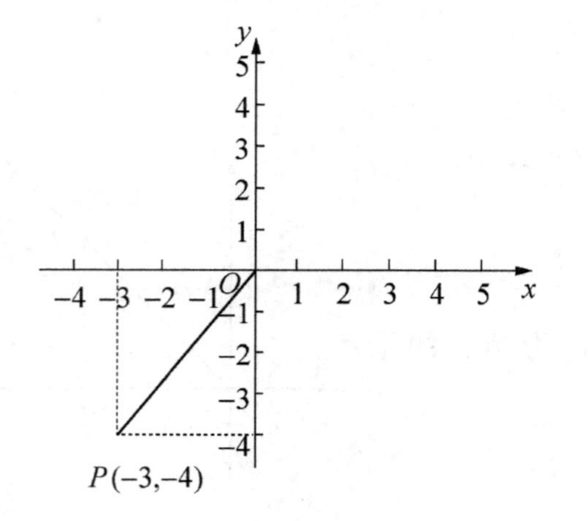

解：

$|OP|=\sqrt{(-3)^2+(-4)^2}=5$

$\sin\alpha=\frac{-4}{5}=-\frac{4}{5}$；

$\cos\alpha=\frac{-3}{5}=-\frac{3}{5}$；

$\tan\alpha=\frac{\sin\alpha}{\cos\alpha}=\frac{-\left(\frac{4}{5}\right)}{-\left(\frac{3}{5}\right)}=\frac{4}{3}.$

例 2　已知 $\sin\alpha=-\frac{3}{5}\left(\alpha\in\left(\pi,\ \frac{3\pi}{2}\right)\right)$，

求 $\cos\alpha$，$\tan\alpha$，$\cot\alpha$，$\sec\alpha$，$\csc\alpha$ 的值.

解：

由 $\sin^2\alpha+\cos^2\alpha=1$，得 $\cos^2\alpha=1-\sin^2\alpha=1-\left(-\frac{3}{5}\right)^2=\frac{16}{25}$；

由于 $\alpha\in\left(\pi,\ \frac{3\pi}{2}\right)$，知 α 是第Ⅲ象限角，从而 $\cos\alpha<0$，于是

$$\cos\alpha=-\sqrt{\frac{16}{25}}=-\frac{4}{5};$$

从而

$$\tan\alpha=\frac{\sin\alpha}{\cos\alpha}=\frac{-\left(\frac{3}{5}\right)}{-\left(\frac{4}{5}\right)}=\frac{3}{4};$$

$$\cot\alpha=\frac{\cos\alpha}{\sin\alpha}=\frac{-\left(\frac{4}{5}\right)}{-\left(\frac{3}{5}\right)}=\frac{4}{3};$$

$$\sec\alpha=\frac{1}{\cos\alpha}=-\frac{5}{4};\quad \csc\alpha=\frac{1}{\sin\alpha}=-\frac{5}{3}.$$

例 3　写出下列角的正弦、余弦、正切、余切值.

0°，30°，45°，60°，90°.

解：

函数值＼度数	0°	30°	45°	60°	90°
$\sin\alpha$	0	$\frac{1}{2}$	$\frac{\sqrt{2}}{2}$	$\frac{\sqrt{3}}{2}$	1
$\cos\alpha$	1	$\frac{\sqrt{3}}{2}$	$\frac{\sqrt{2}}{2}$	$\frac{1}{2}$	0
$\tan\alpha$	0	$\frac{\sqrt{3}}{3}$	1	$\sqrt{3}$	不存在
$\cot\alpha$	不存在	$\sqrt{3}$	1	$\frac{\sqrt{3}}{3}$	0

读一读

α 是Ⅰ、Ⅱ象限角时，正弦为正值；

α 是Ⅰ、Ⅳ象限角时，余弦为正值；

α 是Ⅰ、Ⅲ象限角时，正切、余切为正值.

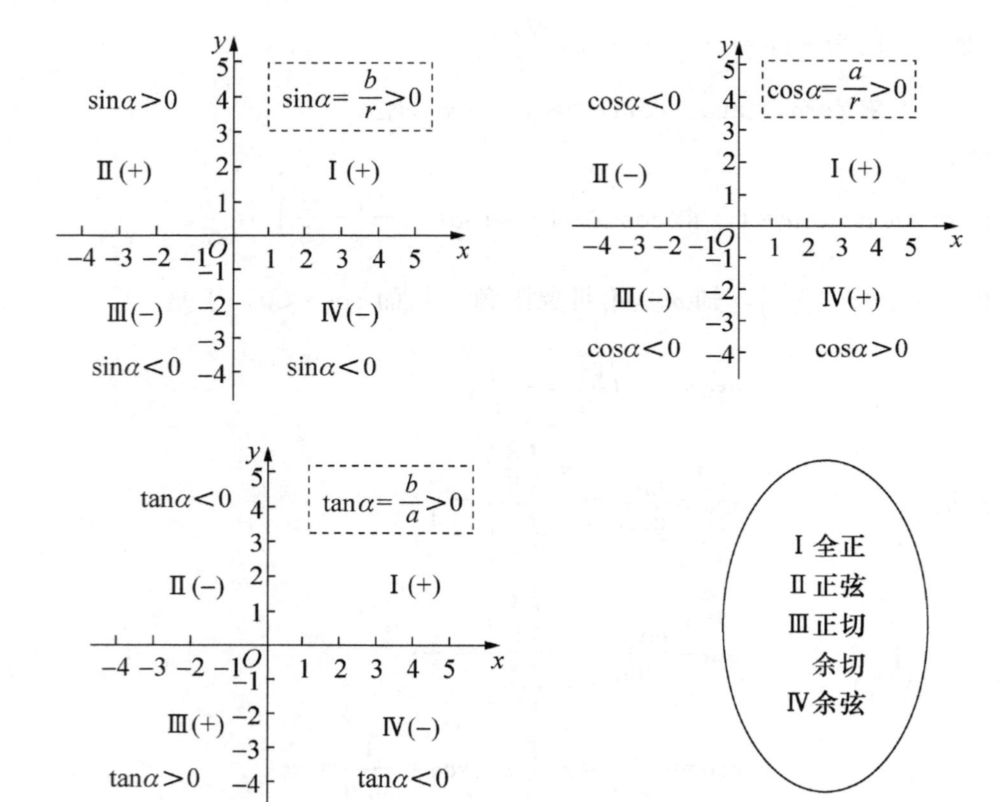

练一练

（一）已知点 θ 的终边过点（-12，5），求 θ 的三角函数值.

（二）说出下列三角函数值符号.

$\sin 156°$，$\cos\dfrac{16}{5}\pi$，$\cos(-450°)$，$\tan\left(-\dfrac{17}{8}\pi\right)$，$\sin\left(-\dfrac{4}{3}\pi\right)$，$\tan 556°$.

（三）填表

度数 / 函数值	0°	90°	180°	270°	360°	120°	135°	150°
$\sin\alpha$								
$\cos\alpha$								
$\tan\alpha$								
$\cot\alpha$								

（四）已知 $\cos\alpha=-\dfrac{4}{5}$，且 α 为第Ⅲ象限角，求 $\sin\alpha$ 和 $\tan\alpha$ 的值.

（五）已知 $\tan\alpha=-\sqrt{3}$，求 $\sin\alpha$ 和 $\cos\alpha$ 的值.

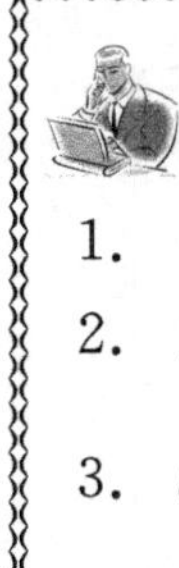

想一想

1. 当角 α 的终边在坐标轴上时，各三角函数值是多少？
2. 角 α 的正切和余切的最大值和最小值是多少？
3. 怎样证明 60°的正弦值是$\dfrac{\sqrt{3}}{2}$？试一下.

5.2 诱导公式

认一认

诱导公式	yòudǎo gōngshì	induction formula
邻边	línbiān	adjacent side
对边	duìbiān	opposite side
单位圆	dānwèiyuán	unit circle

学一学

（一）锐角的三角函数值

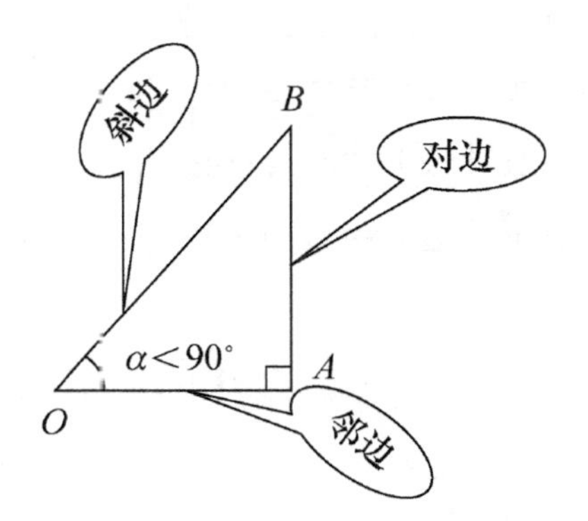

$$\sin\alpha=\frac{|AB|}{|OB|}=\frac{对边}{斜边}$$

$$\cos\alpha=\frac{|OA|}{|OB|}=\frac{邻边}{斜边}$$

$$\tan\alpha=\frac{|AB|}{|OA|}=\frac{对边}{邻边}$$

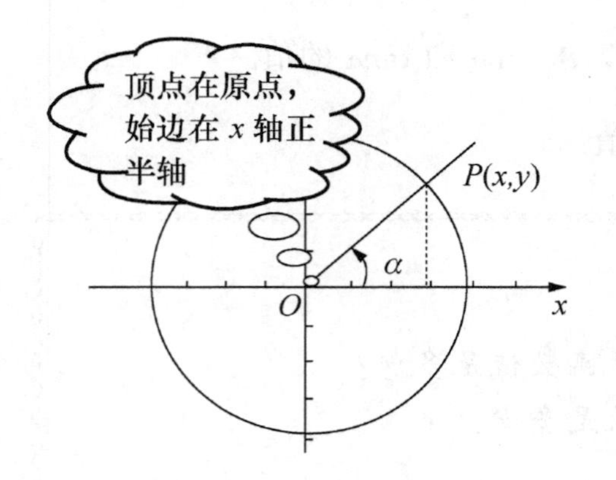

在直角三角形中，
锐角 α 所对的直角边称为 α 的对边，
另一个直角边称为它的邻边；
锐角 α 的终边在第 I 象限，
终边上任一点 P 横坐标大于零，
纵坐标大于零，
锐角的三角函数值都是正值.

(二) $\alpha+2k\pi$ ($k\in\mathbf{N}$) 的三角函数值

$$\sin(\alpha+2k\pi)=\sin\alpha$$
$$\cos(\alpha+2k\pi)=\cos\alpha$$
$$\tan(\alpha+2k\pi)=\tan\alpha$$

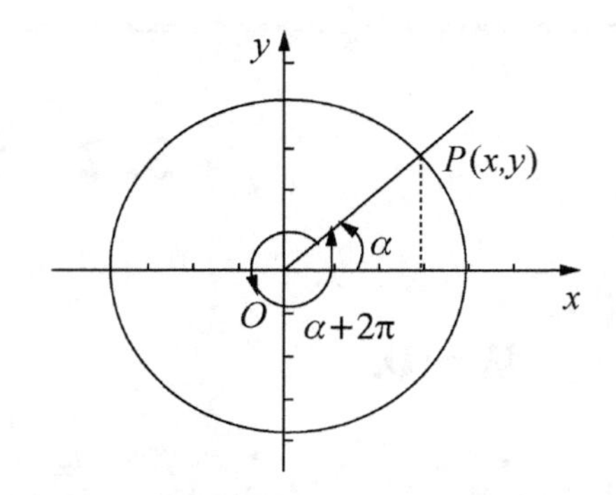

α 与 $\alpha+2k\pi$ ($k\in\mathbf{N}$) 终边相同，所以

$\sin(\alpha+2k\pi)=\dfrac{y}{\sqrt{x^2+y^2}}=\sin\alpha$；　　$\cos(\alpha+2k\pi)=\dfrac{x}{\sqrt{x^2+y^2}}=\cos\alpha$；

$\tan(\alpha+2k\pi)=\dfrac{y}{x}=\tan\alpha$；　　$\cot(\alpha+2k\pi)=\dfrac{x}{y}=\cot\alpha$；

终边相同的角三角函数值相同.

(三) $\pi+\alpha$ 的三角函数值

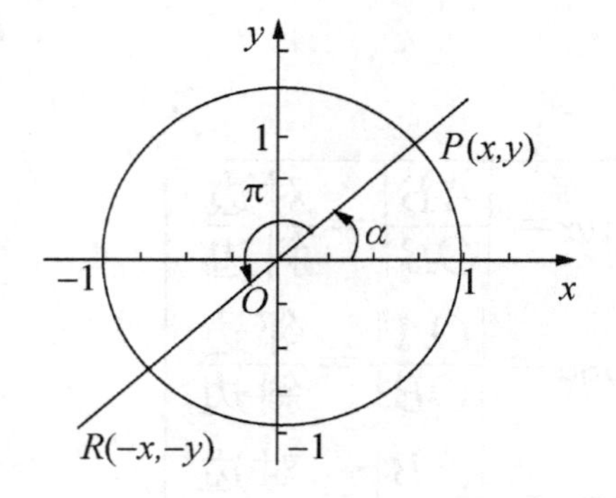

$$\sin(\pi+\alpha)=-\sin\alpha$$
$$\cos(\pi+\alpha)=-\cos\alpha$$
$$\tan(\pi+\alpha)=\tan\alpha$$

圆心在原点，半径是 1 的圆叫作单位圆.

$P(x, y)$ 是角 α 终边在单位圆上的点，

$R(-x, -y)$ 是角 $\alpha+\pi$ 终边在单位圆上的点.

$|OP|=1$；　　$\sin\alpha=\dfrac{y}{|OP|}=y$；　　$\cos\alpha=\dfrac{x}{|OP|}=x$；

$\sin(\pi+\alpha)=-y=-\sin\alpha$；　　$\cos(\pi+\alpha)=-x=-\cos\alpha$；

$\tan(\pi+\alpha)=\dfrac{-y}{-x}=\dfrac{y}{x}=\tan\alpha$；　　$\cot(\pi+\alpha)=\dfrac{-x}{-y}=\dfrac{x}{y}=\cot\alpha$.

（四）$-\alpha$ 和 $\pi-\alpha$ 的三角函数值

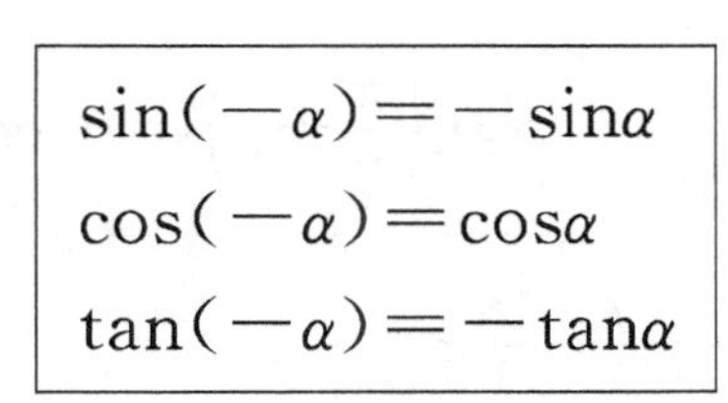

$\sin(-\alpha)=-\sin\alpha$

$\cos(-\alpha)=\cos\alpha$

$\tan(-\alpha)=-\tan\alpha$

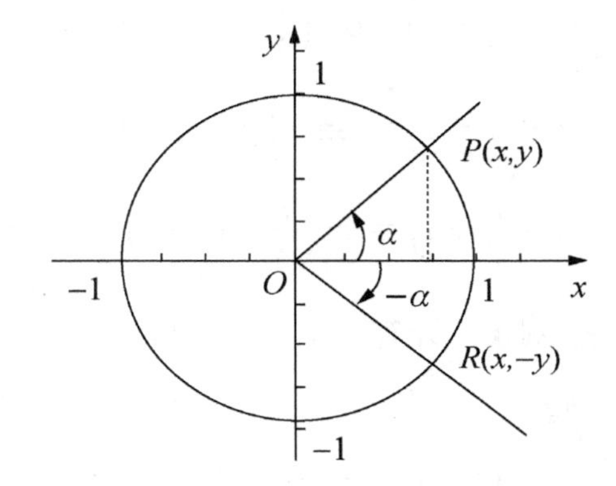

$P(x, y)$ 是角 α 终边在单位圆上的点，

$R(x, -y)$ 是角 $-\alpha$ 终边在单位圆上的点.

$\sin(-\alpha)=-y=-\sin\alpha$；　　$\cos(-\alpha)=x=\cos\alpha$；

$\tan(-\alpha)=\dfrac{-y}{x}=-\dfrac{y}{x}=-\tan\alpha$；　　$\cot(-\alpha)=\dfrac{x}{-y}=-\dfrac{x}{y}=-\cot\alpha$.

$\sin(\pi-\alpha)=\sin[\pi+(-\alpha)]=-\sin(-\alpha)=\sin\alpha$；

$\cos(\pi-\alpha)=\cos[\pi+(-\alpha)]=-\cos(-\alpha)=-\cos\alpha$；

$\tan(\pi-\alpha)=\tan[\pi+(-\alpha)]=\tan(-\alpha)=-\tan\alpha$；

$\cot(\pi-\alpha)=\cot[\pi+(-\alpha)]=\cot(-\alpha)=-\cot\alpha$.

$$\sin(\pi-\alpha)=\sin\alpha$$
$$\cos(\pi-\alpha)=-\cos\alpha$$
$$\tan(\pi-\alpha)=-\tan\alpha$$

（五）$\dfrac{\pi}{2}\pm\alpha$ 的三角函数值

$$\sin\left(\frac{\pi}{2}-\alpha\right)=\cos\alpha$$
$$\cos\left(\frac{\pi}{2}-\alpha\right)=\sin\alpha$$
$$\tan\left(\frac{\pi}{2}-\alpha\right)=\cot\alpha$$

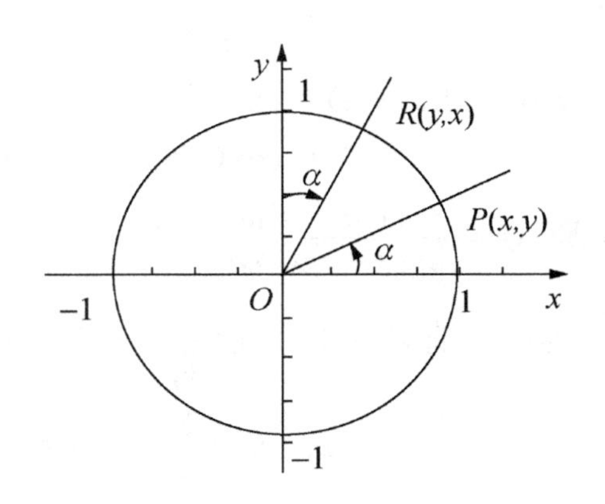

$P(x,\ y)$ 是角 α 终边在单位圆上的点，

$R(y,\ x)$ 是角 $\frac{\pi}{2}-\alpha$ 终边在单位圆上的点.

$\sin\left(\frac{\pi}{2}-\alpha\right)=x=\cos\alpha$； $\cos\left(\frac{\pi}{2}-\alpha\right)=y=\sin\alpha$；

$\tan\left(\frac{\pi}{2}-\alpha\right)=\frac{x}{y}=\cot\alpha$； $\cot\left(\frac{\pi}{2}-\alpha\right)=\frac{y}{x}=\tan\alpha$.

$\sin\left(\frac{\pi}{2}+\alpha\right)=\sin\left(\frac{\pi}{2}-(-\alpha)\right)=\cos(-\alpha)=\cos\alpha$；

$\cos\left(\frac{\pi}{2}+\alpha\right)=\cos\left(\frac{\pi}{2}-(-\alpha)\right)=\sin(-\alpha)=-\sin\alpha$；

$\tan\left(\frac{\pi}{2}+\alpha\right)=\tan\left(\frac{\pi}{2}-(-\alpha)\right)=\cot(-\alpha)=-\cot\alpha$；

$\cot\left(\frac{\pi}{2}+\alpha\right)=\cot\left(\frac{\pi}{2}-(-\alpha)\right)=\tan(-\alpha)=-\tan\alpha$.

$$\sin\left(\frac{\pi}{2}+\alpha\right)=\cos\alpha$$
$$\cos\left(\frac{\pi}{2}+\alpha\right)=-\sin\alpha$$
$$\tan\left(\frac{\pi}{2}+\alpha\right)=-\cot\alpha$$

 **例 1** 计算：1. $\cos225°$； 2. $\sin\left(-\frac{16}{3}\pi\right)$.

解：

1. $\cos225°=\cos(180°+45°)$

$$=-\cos45°=-\frac{\sqrt{2}}{2};$$

2. $\sin\left(-\frac{16}{3}\pi\right)=-\sin\frac{16}{3}\pi=-\sin\left(5\pi+\frac{\pi}{3}\right)$

$$=-\left(-\sin\frac{\pi}{3}\right)=\frac{\sqrt{3}}{2}.$$

 **例 2** 化简：$\dfrac{\cos(180°+\alpha)\cdot\sin(360°+\alpha)}{\sin(-180°-\alpha)\cdot\cos(-180°-\alpha)}$.

解：

$\sin(-180°-\alpha)=\sin[-(180°+\alpha)]$

$$=-\sin(180°+\alpha)=-(-\sin\alpha)=\sin\alpha;$$

$\cos(-180°-\alpha)=\cos[-(180°+\alpha)]$

$$=\cos(180°+\alpha)=-\cos\alpha;$$

原式$=\dfrac{-\cos\alpha\cdot\sin\alpha}{\sin\alpha\cdot(-\cos\alpha)}=1$.

例 3 证明：1. $\sin\left(\frac{3}{2}\pi-\alpha\right)=-\cos\alpha$；

2. $\cos\left(\frac{3}{2}\pi-\alpha\right)=-\sin\alpha$.

证明： 1. $\sin\left(\frac{3}{2}\pi-\alpha\right)=\sin\left[\pi+\left(\frac{\pi}{2}-\alpha\right)\right]$

$$=-\sin\left(\frac{\pi}{2}-\alpha\right)=-\cos\alpha;$$

2. $\cos\left(\frac{3}{2}\pi-\alpha\right)=\cos\left[\pi+\left(\frac{\pi}{2}-\alpha\right)\right]$

$$=-\cos\left(\frac{\pi}{2}-\alpha\right)=-\sin\alpha.$$

读一读

奇变偶不变，符号看象限

三角函数的诱导公式

$k\pi\pm\alpha$（$k\in\mathbf{Z}$）的三角函数值，

等于 α 的同名三角函数值，

前面加上一个把 α 看成锐角时原函数值的符号.

$\frac{(2k+1)\pi}{2}\pm\alpha$（$k\in\mathbf{Z}$）的正弦（余弦）函数值，

分别等于 α 的余弦（正弦）函数值，

前面加上一个把 α 看成锐角时原函数值的符号.

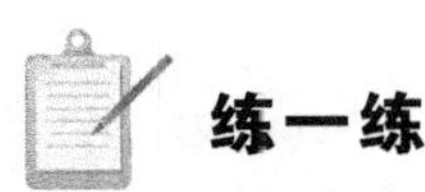

练一练

（一）把下列三角函数写成锐角三角函数值.

1. $\cos\frac{13}{9}\pi$；　　2. $\sin(1+\pi)$；

3. $\sin\left(-\frac{\pi}{5}\right)$；　　4. $\tan\frac{3}{5}\pi$.

（二）求值

1. $6\sin(-90^\circ)+3\sin0^\circ-8\sin270^\circ+12\cos180^\circ$；

2. $2\cos\frac{\pi}{2}-\tan\frac{\pi}{4}+\frac{3}{4}\tan^2\frac{\pi}{6}-\sin\frac{\pi}{6}+\cos^2\frac{\pi}{6}+\sin\frac{3\pi}{2}$；

3. $\cos210^\circ$；　　4. $\cos\left(-\frac{\pi}{4}\right)$；

5. $\sin\left(-\frac{5\pi}{3}\right)$；

6. $\tan\frac{17\pi}{6}$；

7. $\cos\left(-\frac{17\pi}{4}\right)$；

8. $\sin\left(-\frac{26\pi}{3}\right)$；

9. $\cos\frac{65}{6}\pi$；

10. $\tan\left(-\frac{26\pi}{3}\right)$；

11. $\cos(-420°)$；

12. $\sin\left(-\frac{7}{6}\pi\right)$；

13. $\sin(-1300°)$；

14. $\cos\left(-\frac{79}{6}\pi\right)$；

15. $\cos\frac{65}{6}\pi$；

16. $\sin\left(-\frac{31}{4}\pi\right)$.

（三）化简

1. $\sin(\alpha+180°)\cos(-\alpha)\sin(-\alpha-180°)$；

2. $\sin^3(-\alpha)\cos(2\pi+\alpha)\tan(-\alpha-\pi)$；

3. $\frac{\cos\left(\alpha-\frac{\pi}{2}\right)}{\sin\left(\frac{5\pi}{2}+\alpha\right)}\cdot\sin(\alpha-2\pi)\cdot\cos(2\pi-\alpha)$；

4. $\cos^2(-\alpha)-\frac{\tan(360°+\alpha)}{\sin(-\alpha)}$；

5. $\sin(-1071°)\cdot\sin99°+\sin(-171°)\cdot\sin(-261°)$；

6. $1+\sin(\alpha-2\pi)\cdot\sin(\pi+\alpha)-2\cos^2(-\alpha)$；

7. $\frac{\cos\left(\alpha-\frac{\pi}{2}\right)}{\sin\left(\frac{5\pi}{2}+\alpha\right)}\cdot\sin(\alpha-2\pi)\cdot\cos(2\pi-\alpha)$；

8. $\cos^2(-\alpha)-\frac{\tan(360°+\alpha)}{\sin(-\alpha)}$.

想一想

通过诱导公式，能把任意角的三角函数值变成锐角的三角函数值吗？

设$\frac{17}{2}\pi<\alpha<9\pi$，判断$\alpha$的各个三角函数值的符号.

5.3　两角和差的三角公式

认一认

倍角公式	bèijiǎo gōngshì	double angle formula
半角公式	bànjiǎo gōngshì	half-angle formulas

学一学

$$\cos(\alpha\pm\beta)=\cos\alpha\cos\beta\mp\sin\alpha\sin\beta$$
$$\sin(\alpha\pm\beta)=\sin\alpha\cos\beta\pm\cos\alpha\sin\beta$$
$$\tan(\alpha\pm\beta)=\frac{\tan\alpha\pm\tan\beta}{1\mp\tan\alpha\tan\beta}$$

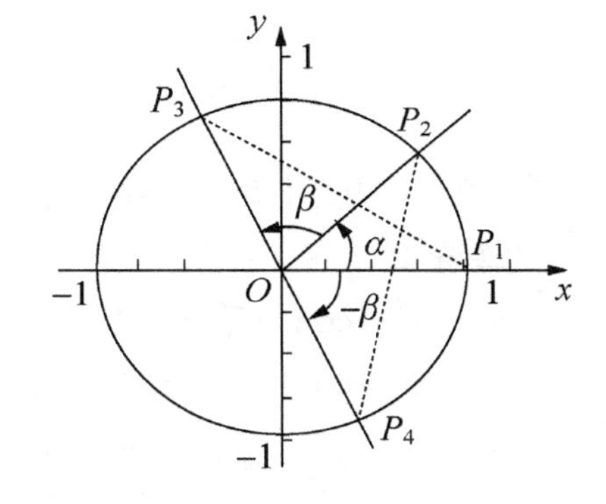

$P_1(1，0)$ 是单位圆和 x 轴的交点，

$P_2(x，y)=P_2(\cos\alpha，\sin\alpha)$ 是角 α 终边在单位圆上的点，

$P_3(\cos(\alpha+\beta)，\sin(\alpha+\beta))$ 是角 $\alpha+\beta$ 终边在单位圆上的点，

$P_4(\cos(-\beta)，\sin(-\beta))$ 是角 $-\beta$ 终边在单位圆上的点.

圆心角 $\angle P_1OP_3=\angle P_2OP_4$，

相等圆心角所对的弦 $P_1P_3=P_2P_4$，

$|P_1P_3|=\sqrt{(1-\cos(\alpha+\beta))^2+(0-\sin(\alpha+\beta))^2}=\sqrt{2-2\cos(\alpha+\beta)}$；

$|P_2P_4|=\sqrt{(\cos\alpha-\cos(-\beta))^2+(\sin\alpha-\sin(-\beta))^2}=\sqrt{2-2\cos\alpha\cos\beta+2\sin\alpha\sin\beta}$.

两角和的余弦公式 $\cos(\alpha+\beta)=\cos\alpha\cos\beta-\sin\alpha\sin\beta$；

两角和的正弦公式 $\sin(\alpha+\beta)=\sin\alpha\cos\beta+\cos\alpha\sin\beta$；

两角和的正切公式 $\tan(\alpha+\beta)=\dfrac{\tan\alpha+\tan\beta}{1-\tan\alpha\tan\beta}$.

在两角和的公式中，用$-\beta$代替β，得

两角差的余弦公式 $\cos(\alpha-\beta)=\cos\alpha\cos\beta+\sin\alpha\sin\beta$；

两角差的正弦公式 $\sin(\alpha-\beta)=\sin\alpha\cos\beta-\cos\alpha\sin\beta$；

两角差的正切公式 $\tan(\alpha-\beta)=\dfrac{\tan\alpha-\tan\beta}{1+\tan\alpha\tan\beta}$.

$$\begin{aligned}\cos2\alpha&=\cos^2\alpha-\sin^2\alpha\\&=1-2\sin^2\alpha\\&=2\cos^2\alpha-1\\\sin2\alpha&=2\sin\alpha\cos\alpha\\\tan2\alpha&=\frac{2\tan\alpha}{1-\tan^2\alpha}\end{aligned}$$

倍角公式

$$\cos\alpha=\cos^2\frac{\alpha}{2}-\sin^2\frac{\alpha}{2}$$
$$\sin\alpha=2\sin\frac{\alpha}{2}\cos\frac{\alpha}{2}$$
$$\tan\alpha=\frac{2\tan\frac{\alpha}{2}}{1-\tan^2\frac{\alpha}{2}}$$

半角公式

例 1 用两角差的余弦公式求$\cos15°$的值.

解法 1

$$\begin{aligned}\cos15°&=\cos(45°-30°)\\&=\cos45°\cos30°+\sin45°\sin30°\\&=\frac{\sqrt{2}}{2}\cdot\frac{\sqrt{3}}{2}+\frac{\sqrt{2}}{2}\cdot\frac{1}{2}=\frac{\sqrt{6}+\sqrt{2}}{4}.\end{aligned}$$

解法 2

$$\begin{aligned}\cos15°&=\cos(60°-45°)\\&=\cos60°\cos45°+\sin60°\sin45°\\&=\frac{1}{2}\cdot\frac{\sqrt{2}}{2}+\frac{\sqrt{3}}{2}\cdot\frac{\sqrt{2}}{2}=\frac{\sqrt{2}+\sqrt{6}}{4}.\end{aligned}$$

例 2 已知 $\sin\alpha=\dfrac{4}{5}$，$\alpha\in\left(\dfrac{\pi}{2},\ \pi\right)$，$\cos\beta=-\dfrac{5}{13}$，$\beta$是第Ⅲ象限角，求 $\cos(\alpha-\beta)$ 和 $\sin(\alpha-\beta)$ 的值.

解：

由 $\sin\alpha=\dfrac{4}{5}$，$\alpha\in\left(\dfrac{\pi}{2},\ \pi\right)$，得

$$\cos\alpha=-\sqrt{1-\sin^2\alpha}=\sqrt{1-\left(\frac{4}{5}\right)^2}=-\frac{3}{5};$$

$\cos\beta=-\dfrac{5}{13}$，β是第Ⅲ象限角，得

$\sin\alpha=-\sqrt{1-\cos^2\alpha}=-\sqrt{1-\left(-\frac{5}{13}\right)^2}=-\frac{12}{13}$；所以

$$\begin{aligned}\cos(\alpha-\beta)&=\cos\alpha\cos\beta+\sin\alpha\sin\beta\\&=\left(-\frac{3}{5}\right)\cdot\left(-\frac{5}{13}\right)+\frac{4}{5}\cdot\left(-\frac{12}{13}\right)=-\frac{33}{65};\end{aligned}$$

$$\begin{aligned}\sin(\alpha-\beta)&=\sin\alpha\cos\beta-\cos\alpha\sin\beta\\&=\frac{4}{5}\cdot\left(-\frac{5}{13}\right)-\left(-\frac{3}{5}\right)\cdot\left(-\frac{12}{13}\right)=-\frac{56}{65}.\end{aligned}$$

例 3　已知 $\sin2\alpha=\frac{5}{13}$，$\alpha\in\left(\frac{\pi}{4},\frac{\pi}{2}\right)$，求 $\sin4\alpha$ 和 $\cos4\alpha$ 的值.

解：

由 $\frac{\pi}{4}<\alpha<\frac{\pi}{2}$，得　$\frac{\pi}{2}<2\alpha<\pi$.

又 $\sin2\alpha=\frac{5}{13}$，所以

$$\cos2\alpha=-\sqrt{1-\sin^2 2\alpha}=-\sqrt{1-\left(\frac{5}{13}\right)^2}=-\frac{12}{13};$$

于是 $\sin4\alpha=\sin[2\cdot(2\alpha)]=2\sin2\alpha\cos2\alpha$

$$=2\cdot\frac{5}{13}\cdot\left(-\frac{12}{13}\right)=-\frac{120}{169}.$$

$$\begin{aligned}\cos4\alpha&=\cos[2\cdot(2\alpha)]=1-2\sin^2(2\alpha)\\&=1-2\cdot\left(\frac{5}{13}\right)^2=\frac{119}{169};\end{aligned}$$

$$\tan4\alpha=\frac{\sin4\alpha}{\cos4\alpha}=-\frac{120}{119}.$$

读一读

积化和差公式

$$\sin\alpha\cos\beta=\frac{1}{2}[\sin(\alpha+\beta)+\sin(\alpha-\beta)]$$

$$\cos\alpha\sin\beta=\frac{1}{2}[\sin(\alpha+\beta)-\sin(\alpha-\beta)]$$

$$\cos\alpha\cos\beta=\frac{1}{2}[\cos(\alpha+\beta)+\cos(\alpha-\beta)]$$

$$\sin\alpha\sin\beta=\frac{1}{2}[\cos(\alpha+\beta)-\cos(\alpha-\beta)]$$

和差化积公式

$$\sin x+\sin y=2\sin\frac{x+y}{2}\cos\frac{x-y}{2}$$

$$\sin x-\sin y=2\cos\frac{x+y}{2}\sin\frac{x-y}{2}$$

$$\cos x+\cos y=2\cos\frac{x+y}{2}\cos\frac{x-y}{2}$$

$$\cos x-\cos y=-2\sin\frac{x+y}{2}\sin\frac{x-y}{2}$$

练一练

（一）求值

1. $\sin 15°$；
2. $\cos 75°$；
3. $\sin 75°$；
4. $\tan 15°$；
5. $\frac{1}{2}\cos x-\frac{\sqrt{3}}{2}\sin x$；
6. $\sqrt{3}\sin x+\cos x$；
7. $\sqrt{2}\ (\sin x-\cos x)$；
8. $\sqrt{2}\cos x-\sqrt{6}\sin x$；
9. $\sin 72°\cos 18°+\cos 72°\sin 18°$；
10. $\cos 72°\cos 12°+\sin 72°\sin 12°$；
11. $\frac{\tan 12°+\tan 33°}{1-\tan 12°\tan 33°}$；
12. $\cos 74°\sin 14°-\sin 74°\cos 14°$.

（二）已知 $\cos\alpha=-\frac{3}{5}$，$\alpha\in\left(\frac{\pi}{2},\ \pi\right)$，求 $\cos\left(\frac{\pi}{4}-\alpha\right)$的值.

（三）已知 $\sin\theta=\frac{15}{17}$，θ 是第Ⅱ象限角，求 $\cos\left(\theta-\frac{\pi}{3}\right)$的值.

（四）已知 $\sin\theta=-\frac{12}{13}$，$\theta$ 是第Ⅲ象限角，求 $\cos\left(\theta+\frac{\pi}{6}\right)$的值.

（五）已知 $\tan\alpha=3$，求 $\tan\left(\alpha+\frac{\pi}{4}\right)$的值.

（六）已知 $\sin\alpha=-\frac{2}{3}$，$\alpha\in\left(\pi,\ \frac{3\pi}{2}\right)$，$\cos\beta=\frac{3}{4}$，$\beta\in\left(\frac{3\pi}{2},\ 2\pi\right)$，求 $\cos(\beta-\alpha)$ 的值.

（七）已知 $\sin\alpha=\frac{2}{3}$，$\cos\beta=-\frac{3}{4}$，$\alpha\in\left(\frac{\pi}{2},\ \pi\right)$，$\beta\in\left(\pi,\ \frac{3\pi}{2}\right)$，求 $\sin(\alpha-\beta)$ 的值.

（八）已知 $\sin\theta=\frac{3}{5}$，$\theta\in\left(\frac{\pi}{2},\ \pi\right)$，$\tan\varphi=\frac{1}{2}$，求 $\tan(\theta+\varphi)$，$\tan(\theta-\varphi)$ 的值.

（九）已知 $\tan\alpha$，$\tan\beta$ 是方程 $2x^2+3x-7=0$ 的两个根，求 $\tan(\alpha+\beta)$ 的值.

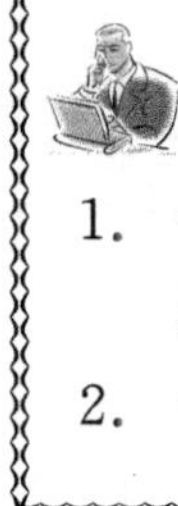

想一想

1. 由两角和的余弦公式怎样推出两角和的正弦公式？
   怎样得到两角和的正切公式？证明一下.
2. 由两角和的公式如何得到倍角公式和半角公式？

5.4　三角函数与反三角函数

认一认

正弦曲线	zhèngxián qūxiàn	sine curve
余弦曲线	yúxián qūxiàn	cosine curve
正切曲线	zhèngqiē qūxiàn	tangent curve
余切曲线	yúqiē qūxiàn	cotangent curve
周期	zhōuqī	period
周期函数	zhōuqī hánshù	periodic function
最小正周期	zuìxiǎo zhèngzhōuqī	minimal positive period
反正弦函数	fǎnzhèngxián hánshù	arc-sine function
反余弦函数	fǎnyúxián hánshù	arc-cosine function
反正切函数	fǎnzhèngqiē hánshù	arc-tangent function
反余切函数	fǎnyúqiē hánshù	arc-cotangent function
反三角函数	fǎnsānjiǎo hánshù	inverse trigonometric function

学一学

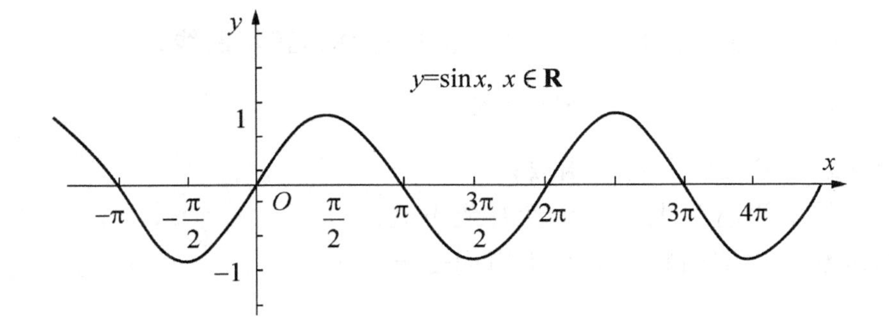

$y=\sin x$ 称为正弦函数，正弦函数的图像称为正弦曲线；

$y=\sin x$ 在$\left[0, \frac{\pi}{2}\right]$和$\left[\frac{3\pi}{2}, 2\pi\right]$上是增函数，在$\left[\frac{\pi}{2}, \frac{3\pi}{2}\right]$上是减函数；

$y=\sin x$ 在实数集上是奇函数；

在定义域上最大值是 1，最小值是 −1；

正弦函数是周期函数，最小正周期是 2π.

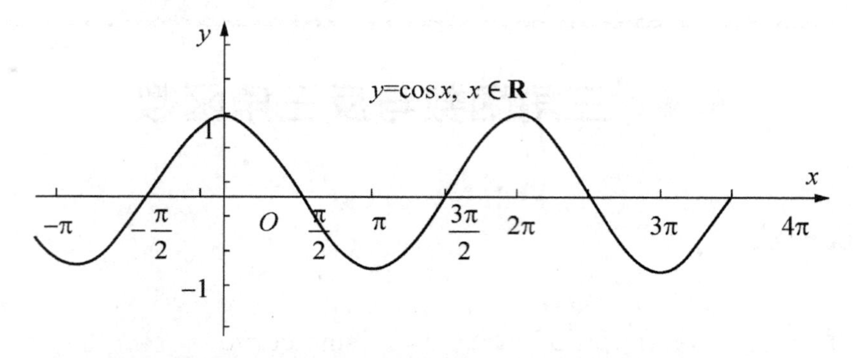

$y=\cos x$ 称为余弦函数，余弦函数的图像称为余弦曲线；

$y=\cos x$ 在 $[0, \pi]$ 上是减函数，在 $[\pi, 2\pi]$ 上是增函数；

$y=\cos x$ 在实数集上是偶函数；

在定义域上最大值是 1，最小值是 −1；

余弦函数是周期函数，最小正周期是 2π.

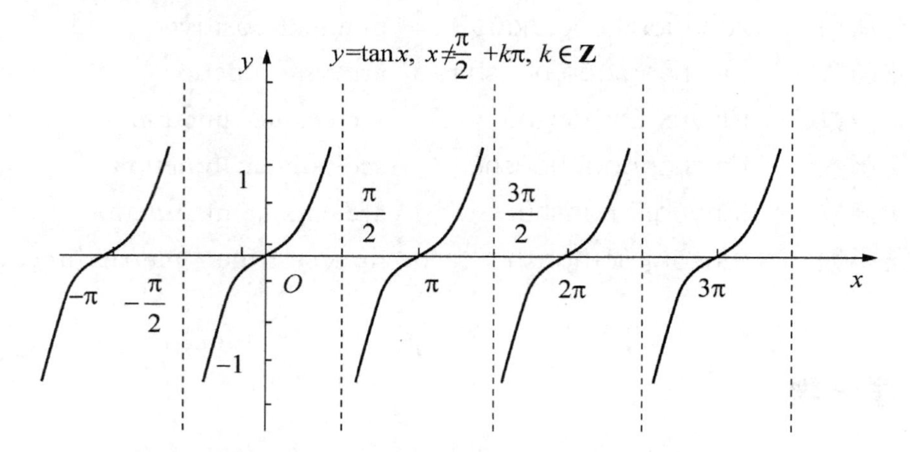

$y=\tan x$ 称为正切函数，正切函数的图像称为正切曲线；

$y=\tan x$ 在$\left(-\frac{\pi}{2}, \frac{\pi}{2}\right)$上是增函数；

$y=\tan x$ 在定义域上是奇函数；

在定义域上没有最大值，也没有最小值；

正切函数是周期函数，最小正周期是 π.

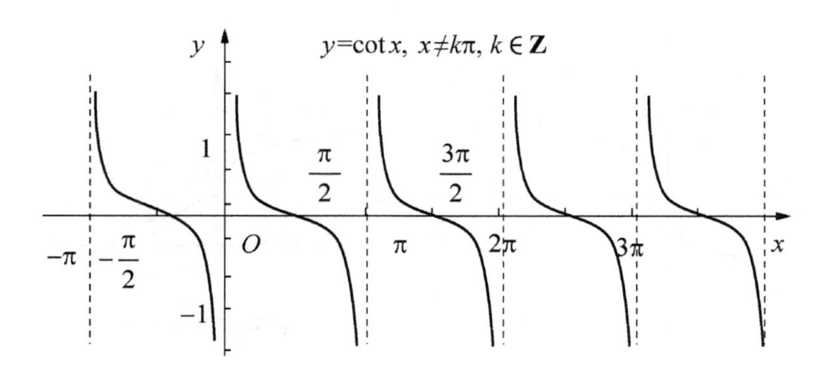

$y=\cot x$ 称为余切函数，余切函数的图像称为余切曲线；

$y=\cot x$ 在（0，π）上是减函数；

在定义域上没有最大值，也没有最小值；

余切函数是周期函数，最小正周期是 π.

$y=\sec x$ 称为正割函数；$y=\csc x$ 称为余割函数；

正弦、余弦、正切、余切、正割、余割函数统称为三角函数.

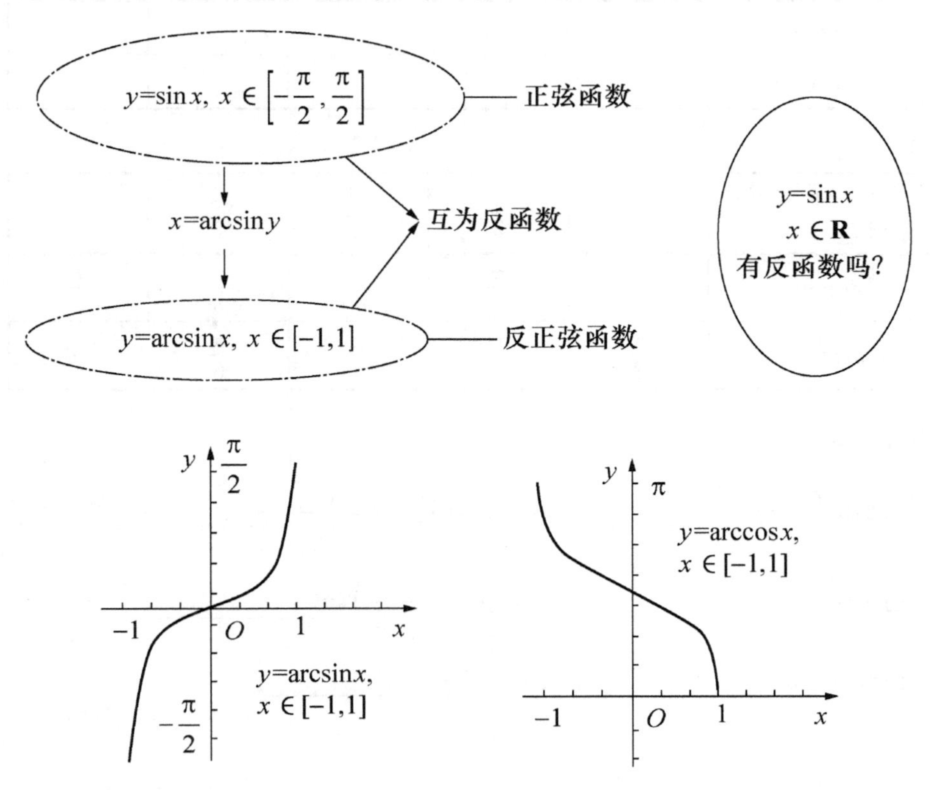

$y=\arcsin x$，$x\in[-1，1]$ 称为反正弦函数，值域为 $y\in\left[-\frac{\pi}{2}，\frac{\pi}{2}\right]$；

$y=\arccos x$，$x\in[-1，1]$ 称为反余弦函数，值域为 $y\in[0，\pi]$.

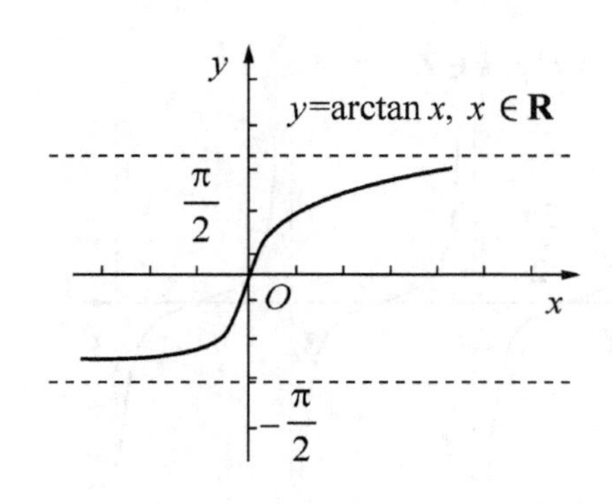

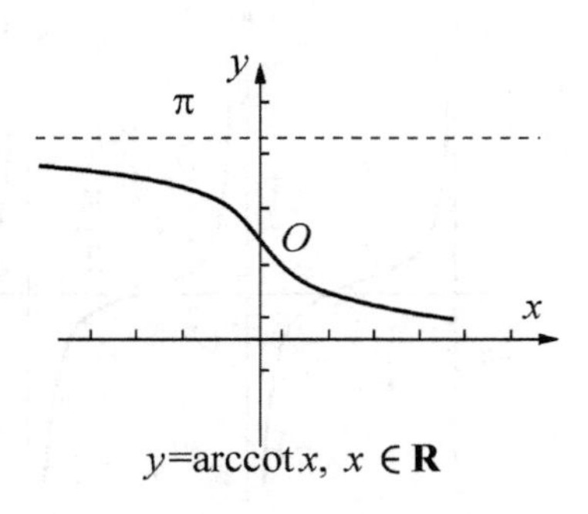

$y=\arctan x$，$x\in\mathbf{R}$ 称为反正切函数，值域为 $y\in\left(-\frac{\pi}{2},\frac{\pi}{2}\right)$；

$y=\operatorname{arccot}x$，$x\in\mathbf{R}$ 称为反余切函数，值域为 $y\in(0,\pi)$.

反正弦函数、反余弦函数、反正切函数、反余切函数统称为反三角函数.

例 1 填表

自变量 x / 函数值	0	$\frac{1}{2}$	$\frac{\sqrt{2}}{2}$	$\frac{\sqrt{3}}{2}$	1
$\arcsin x$					
$\arccos x$					

解：

自变量 x / 函数值	0	$\frac{1}{2}$	$\frac{\sqrt{2}}{2}$	$\frac{\sqrt{3}}{2}$	1
$\arcsin x$	0	$\frac{\pi}{6}$	$\frac{\pi}{4}$	$\frac{\pi}{3}$	$\frac{\pi}{2}$
$\arccos x$	$\frac{\pi}{2}$	$\frac{\pi}{3}$	$\frac{\pi}{4}$	$\frac{\pi}{6}$	0

例 2 填空

1. $\arcsin\left(-\frac{1}{2}\right)=$__________，$\arcsin\left(-\frac{\sqrt{2}}{2}\right)=$__________；

2. $\arccos\left(\frac{\sqrt{2}}{2}\right)=$__________，$\arccos\left(-\frac{1}{2}\right)=$__________；

3. $\arctan\sqrt{3}=$__________，$\arctan 1=$__________.

解：

1. $\arcsin\left(-\frac{1}{2}\right)=\underline{\ -\frac{\pi}{6}\ }$，$\arcsin\left(-\frac{\sqrt{2}}{2}\right)=\underline{\ -\frac{\pi}{4}\ }$；

2. $\arccos\left(\frac{\sqrt{2}}{2}\right)=\underline{\ \frac{\pi}{4}\ }$，$\arccos\left(-\frac{1}{2}\right)=\underline{\ \frac{2\pi}{3}\ }$；

3. $\arctan\sqrt{3}=$ $\underline{\dfrac{\pi}{3}}$ ，$\arctan 1=$ $\underline{\dfrac{\pi}{4}}$.

读一读

周期函数的定义

对于函数 $f(x)$，$x\in D$，如果存在常数 $T\neq 0$，当 $x\in D$ 时，$x+T\in D$，且 $f(x+T)=f(x)$，则 $f(x)$ 称为周期函数，T 叫作周期.

练一练

填表

三角函数	$y=\sin x$	$y=\cos x$	$y=\tan x$	$y=\cot x$
定义域				
值域				
奇偶性				
单调性				
周期性				
最大值				
最小值				

反三角函数	$y=\arcsin x$	$y=\arccos x$	$y=\arctan x$	$y=\text{arccot}\, x$
定义域				
值域				
奇偶性				
单调性				
周期性				
最大值				
最小值				

想一想

1. 画出 $y=\sin\omega x$，$y=\cos\omega x$ 的图像，并求它的周期.
2. $y=\tan\omega x$，$y=\cot\omega x$ 的周期是什么？
3. $y=A\sin(\omega x+\varphi)$ 的图像是什么样？

5.5 复合函数与初等函数

认一认

复合	fùhé	compound
内层函数	nèicéng hánshù	inside function
外层函数	wàicéng hánshù	outer function
因变量	yīnbiànliàng	dependent variable
中间变量	zhōngjiān biànliàng	intermediate variable
复合函数	fùhé hánshù	composite function
基本初等函数	jīběn chūděng hánshù	basic elementary functions
初等函数	chūděng hánshù	elementary functions

学一学

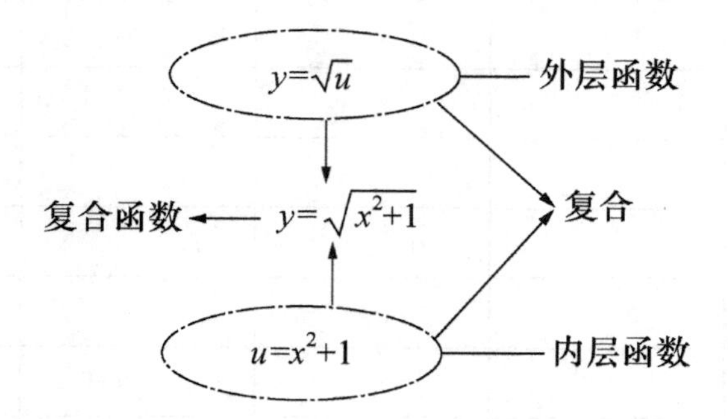

$y=\sqrt{x^2+1}$ 称为由 $y=\sqrt{u}$ 和 $u=x^2+1$ 复合而成的复合函数.

$y=\sqrt{u}$ 称为外层函数；$u=x^2+1$ 称为内层函数.

u 是外层函数的自变量，是内层函数的因变量，u 称为中间变量.

幂函数、指数函数、对数函数、三角函数和反三角函数，
统称为基本初等函数；
由常数和基本初等函数经过四则运算和复合所得到的，
可以用一个式子表示的函数，称为初等函数.

例 1　下列函数是由哪些函数复合的？

1. $y=\sin x^2$；　　2. $y=\mathrm{e}^{\sqrt{x}}$；

3. $y=\cos^2 x$；　　4. $y=\sqrt{\cot\dfrac{x}{2}}$.

解：

1. $y=\sin x^2$ 是由 $y=\sin u$ 和 $u=x^2$ 复合而成；
   $y=\sin u$ 是外层函数，$u=x^2$ 是内层函数.
2. $y=\mathrm{e}^{\sqrt{x}}$是由 $y=\mathrm{e}^u$ 和 $u=\sqrt{x}$复合而成；
   $y=\mathrm{e}^u$ 是外层函数，$u=\sqrt{x}$是内层函数.
3. $y=\cos^2 x$ 是由 $y=u^2$ 和 $u=\cos x$ 复合而成；
   $y=u^2$ 是外层函数，$u=\cos x$ 是内层函数.
4. $y=\sqrt{\cot\dfrac{x}{2}}$是由 $y=\sqrt{u}$，$u=\cot v$ 和 $v=\dfrac{x}{2}$三个函数复合而成；
   复合函数也可以由两个以上的函数复合而成.

例 2　求下列函数的定义域.

1. $y=\arcsin(x-3)$；　　2. $y=\mathrm{e}^{\frac{1}{x+1}}$；

3. $y=\sqrt{3-x}+\arctan\dfrac{1}{x}$.

解：

1. $|x-3|\leqslant 1 \Rightarrow -1\leqslant x-3\leqslant 1 \Rightarrow 2\leqslant x\leqslant 4$，所以定义域为 $\{x|2\leqslant x\leqslant 4\}$；
2. $x+1\neq 0 \Rightarrow x\neq -1$，故其定义域为 $\{x|x\neq 1\}$；
3. $3-x\geqslant 0$，$x\neq 0 \Rightarrow x\leqslant 3$，$x\neq 0$，所以定义域为 $(-\infty,0)\cup(0,3]$.

例 3　设 $g(x)=\dfrac{1}{x}$，求$\dfrac{g(a+h)-g(a)}{h}$，其中 a，h 和 $a+h$ 均不为零.

解：
$$\frac{g(a+h)-g(a)}{h}=\frac{\frac{1}{a+h}-\frac{1}{a}}{h}=\frac{a-(a+h)}{ah(a+h)}=-\frac{1}{a(a+h)}.$$

读一读

若函数 $y=f(u)$ 的定义域是 $u\in D_1$，

函数 $u=g(x)$，$x\in D_2$ 的值域是 $u\in W_2$.

当 $W_2\subset D_1$ 时，得到一个以 x 为自变量、y 为因变量的函数

$$y=f[\varphi(x)],\ x\in D_2,$$

这个函数称为由函数 $y=f(u)$ 和 $u=g(x)$ 复合而成的复合函数，变量 u 称为复合函数的中间变量.

练一练

（一）设 $f(x)=\sqrt{4+x^2}$，求下列函数值.

$$f(0),\ f(1),\ f(-1),\ f\left(\frac{1}{a}\right),\ f(x_0),\ f(x_0+h).$$

（二）设 $\varphi(x)=\begin{cases}|\sin x| & |x|<\frac{\pi}{3},\\ 0 & |x|\geqslant\frac{\pi}{3},\end{cases}$ 求下列函数值.

$$\varphi\left(\frac{\pi}{6}\right),\ \varphi\left(\frac{\pi}{4}\right),\ \varphi\left(-\frac{\pi}{4}\right),\ \varphi(-2).$$

（三）设 $f(t)=2t^2+\frac{2}{t^2}+\frac{5}{t}+5t$，证明 $f(t)=f\left(\frac{1}{t}\right)$.

（四）设 $F(x)=\mathrm{e}^x$，证明下列等式成立.

1. $F(x)\cdot F(y)=F(x+y)$； 2. $\frac{F(x)}{F(y)}=F(x-y)$.

想一想

任意两个函数都可以复合吗？什么时候可以复合？举例说明.

第六章　几何理论

6.1　直线及其方程

认一认

夹角	jiājiǎo	included angle
倾斜角	qīngxiéjiǎo	angle of inclination
点斜式	diǎnxiéshì	point slope form
斜截式	xiéjiéshì	gradient intercept form
两点式	liǎngdiǎnshì	two-point form
一般式	yìbānshì	general form

学一学

（一）直线及其倾斜角、斜率

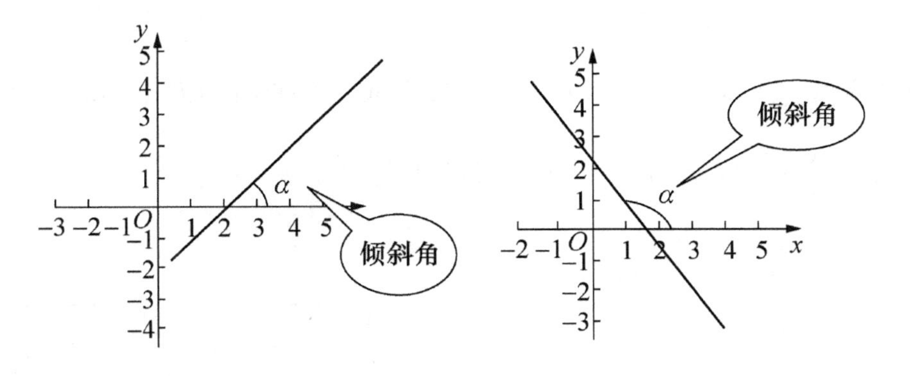

直线和 x 正轴所构成的正角称为直线的倾斜角；

倾斜角的正切 $\tan\alpha$ 称为直线的斜率，记为 $k=\tan\alpha$.

当 α 为锐角时，斜率为正值，

当 α 为钝角时，斜率为负值，

当 α 为直角时，斜率不存在.

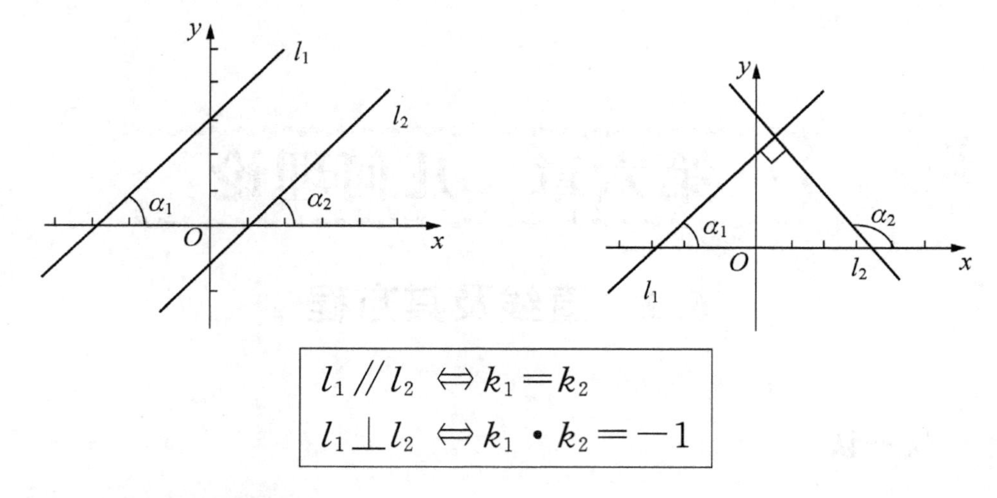

$$l_1 // l_2 \Leftrightarrow k_1 = k_2$$
$$l_1 \perp l_2 \Leftrightarrow k_1 \cdot k_2 = -1$$

当两条直线的斜率都存在时：

若直线平行，则斜率相等；反之，若斜率相等，则直线平行.

若直线垂直，则斜率互为负倒数；反之，若斜率互为负倒数，则直线垂直.

（二）直线的方程

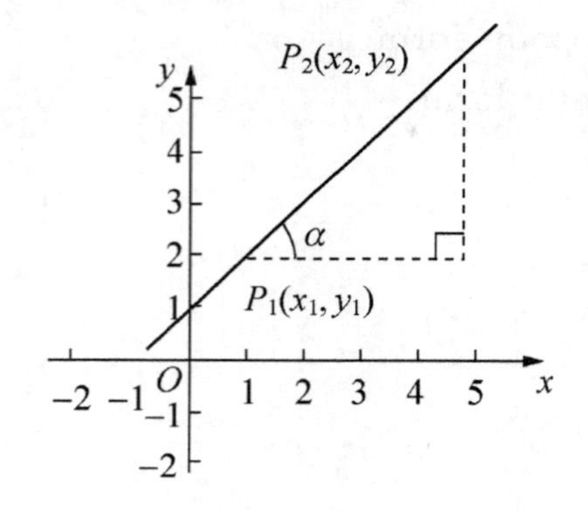

$$\tan\alpha = \frac{y_2 - y_1}{x_2 - x_1}$$

$$y - y_1 = \frac{y_2 - y_1}{x_2 - x_1}(x - x_1)$$

经过两点 $P_1(x, y)$、$P_2(x_2, y_2)$ 的直线，它的斜率为 $k = \tan\alpha = \frac{y_2 - y_1}{x_2 - x_1}$；

$y - y_1 = \frac{y_2 - y_1}{x_2 - x_1}(x - x_1)$ 称为直线的两点式方程.

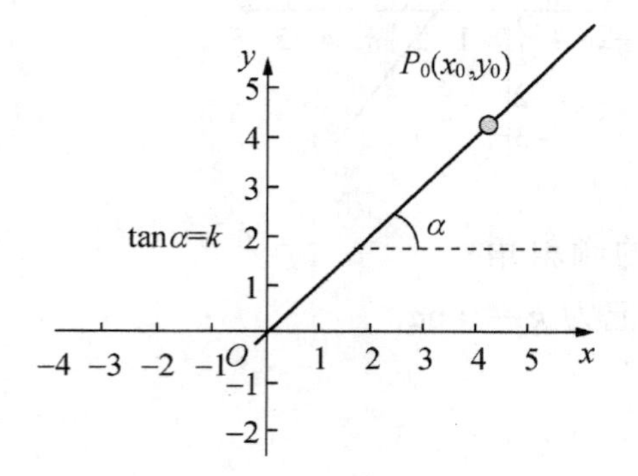

$$y - y_0 = k(x - x_0)$$

过定点 (x_0, y_0) 的方程

$$y - y_0 = k(x - x_0)$$

称为直线的点斜式方程.

$$\boxed{y=kx+b}$$

$y=kx+b$ 称为直线的斜截式方程；

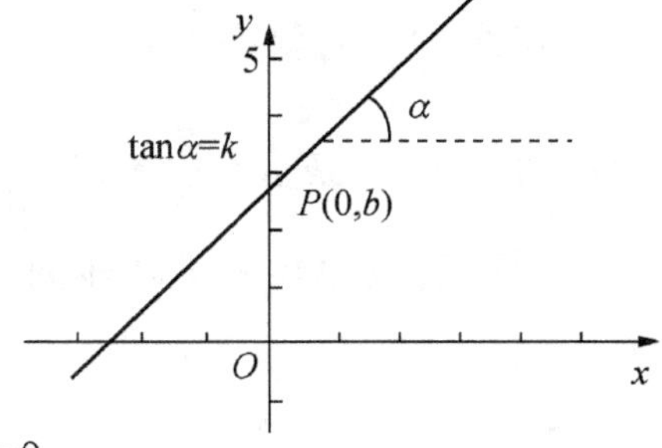

$$Ax+By+C=0$$

称为直线的一般式方程，其中 A、B 不同时为零.

例 1　已知 $A(3,\ 2)$，$B(-4,\ 1)$，$C(0,\ -1)$，解答下列问题.

1. 求直线 AB，BC，CA 的斜率；
2. 这些直线的倾斜角是锐角，还是钝角？

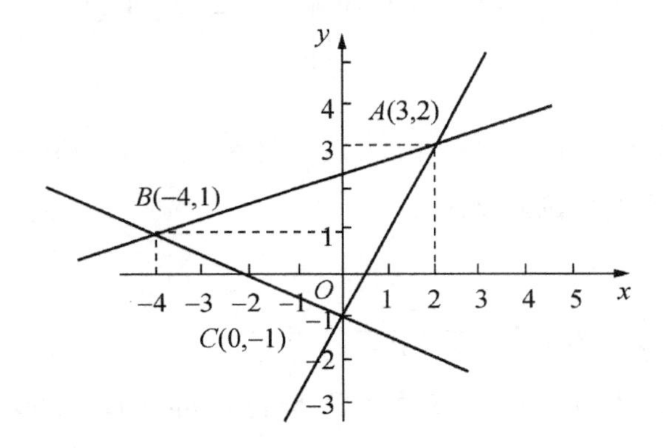

解：

1. 直线 AB 的斜率 $k_{AB}=\dfrac{1-2}{-4-3}=\dfrac{1}{7}$；

   直线 BC 的斜率 $k_{BC}=\dfrac{-1-1}{0-(-4)}=-\dfrac{1}{2}$；

   直线 CA 的斜率 $k_{CA}=\dfrac{-1-2}{0-3}=1$.

2. $k_{AB}>0$，所以直线 AB 的倾斜角为锐角；
   $k_{BC}<0$，所以直线 BC 的倾斜角为钝角；
   $k_{CA}>0$，所以直线 AB 的倾斜角为锐角.

例 2　已知 $A(-6,\ 0)$，$B(3,\ 6)$，$P(2,\ 3)$，$Q(0,\ 6)$，解答下列问题.

1. 求直线 AB 的斜率；
2. 求直线 PQ 的斜率；
3. 直线 AB 和 PQ 是垂直，还是平行？

解：

1. 直线 AB 的斜率 $k_{AB}=\dfrac{6-0}{3-(-6)}=\dfrac{2}{3}$；

2. 直线 PQ 的斜率 $k_{PQ}=\frac{6-3}{0-2}=-\frac{3}{2}$；

3. 由于 $k_{AB}\cdot k_{PQ}=\frac{2}{3}\cdot\left(-\frac{3}{2}\right)=-1$，

所以直线 AB 和 PQ 垂直，即 $AB\perp PQ$.

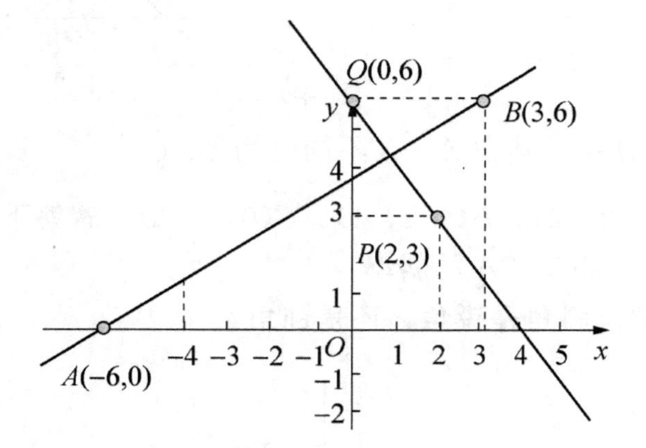

例 3 已知 $A(2,3)$，$B(-4,0)$，$P(-3,1)$，$Q(-1,2)$，判断直线 AB 和 PQ 的位置关系.

解：

$k_{AB}=\frac{0-3}{-4-2}=\frac{1}{2}$，$k_{PQ}=\frac{2-1}{-1-(-3)}=\frac{1}{2}$，

因为 $k_{AB}=k_{PQ}$，所以直线 AB 和 PQ 平行，即 $AB/\!/PQ$.

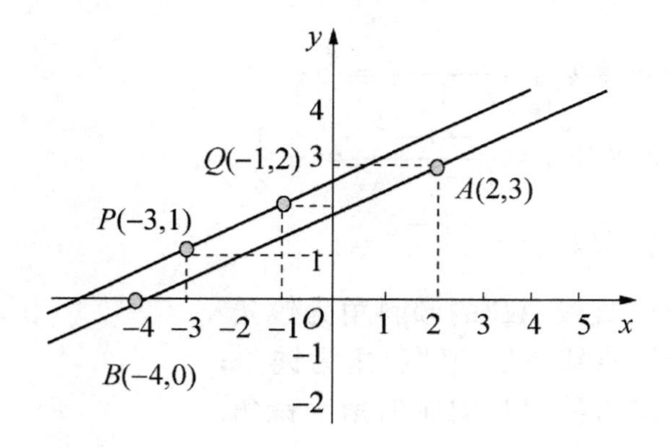

例 4 直线经过点 $P_0(-2,3)$，且倾斜角 $\alpha=45°$，求直线的点斜式方程.

解：

直线经过点 $P_0(-2,3)$，斜率 $k=\tan\alpha=1$，

直线的点斜式方程为 $y-3=x+2$.

例 5 已知直线 l 与 x 轴交点为 $A(a,0)$，与 y 轴交点为 $B(0,b)$，其中 $a\neq0$，$b\neq0$，求直线 l 的方程.

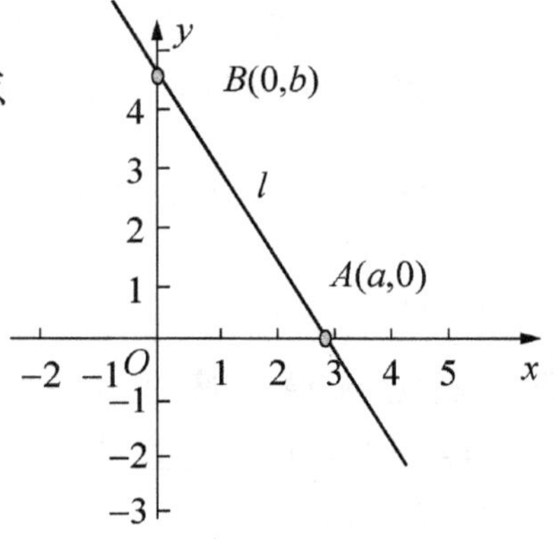

解：

将两点 $A(a, 0)$，$B(0, b)$ 的坐标代入两点式，得

$$\frac{y-0}{b-0}=\frac{x-a}{0-a},$$

得 $$\frac{x}{a}+\frac{x}{b}=1.$$

称为直线的截距式方程.

例 6　已知直线经过点 $A(6, -4)$，斜率为 $-\frac{4}{3}$，求直线的点斜式方程和一般式方程.

解： 直线的点斜式方程为 $y+4=-\frac{4}{3}(x-6)$；

直线的一般式方程为 $4x+3y-12=0$.

读一读

$y=ax+b$ 是二元一次方程，$\begin{cases}x=x_1\\ y=ax_1+b\end{cases}$，$x_1\in\mathbf{R}$ 是方程的解；

以方程的解为坐标的点是一条直线，

这条直线上点的坐标都是方程的解；

这个方程叫作这条直线的方程，

这条直线叫作这个方程的直线.

练一练

（一）已知直线的倾斜角，求它的斜率.

1. $\alpha=30°$；　　2. $\alpha=45°$；

3. $\alpha=120°$；　　4. $\alpha=135°$.

（二）求过下列两点的直线斜率，并判断倾斜角是锐角还是钝角.

1. $C(18, 8)$，$D(4, -4)$；　　2. $P(0, 0)$，$Q(-1, \sqrt{3})$.

3. $A(a, c)$，$B(b, c)$；　　4. $E(a, b)$，$F(a, c)$.

（三）下列直线是平行，还是垂直？

1. 经过两点 $A(2, 3)$，$B(-1, 0)$ 的直线 l_1，

   经过点 $P(1, 0)$ 且斜率为 1 的直线 l_2；

2. 经过两点 $C(3, 1)$，$D(-2, 0)$ 的直线 l_1，
   经过点 $M(1, -4)$ 且斜率为 -5 的直线 l_2；

3. $l_1: y=\frac{1}{2}x+3$；$l_2: y=\frac{1}{2}x-2$；

4. $l_1: y=\frac{5}{3}x$；$l_2: y=-\frac{3}{5}x$.

（四）确定 m 值，使过点 $A(m, 1)$，$B(-1, m)$ 的直线与过点 $P(1, 2)$，$Q(-5, 0)$ 的直线

1. 平行；　　2. 垂直.

（五）写出直线的点斜式方程.

1. 经过点 $A(3, -1)$，斜率为 $\sqrt{2}$；
2. 经过点 $B(\sqrt{2}, 2)$，倾斜角 $30°$；
3. 经过点 $C(0, 3)$，倾斜角为 $0°$；
4. 经过点 $D(-4, -2)$，倾斜角为 $120°$.

（六）填空

1. 已知直线的点斜式方程为 $y-2=x-1$，那么直线的斜率为______，倾斜率是______.
2. 已知直线的点斜式方程为 $y+2=\sqrt{2}(x+1)$，那么直线的斜率为______，倾斜率是______.

（七）写出直线的斜截式方程.

1. 斜率为 $\frac{\sqrt{3}}{2}$，在 y 轴上的截距是 -2；
2. 斜率为 -2，在 y 轴上的截距是 4.

（八）求下列直线的两点式方程.

1. $P_1(2, 1)$，$P_2(0, -3)$；　　2. $A(0, 5)$，$B(5, 0)$.

（九）求下列直线的方程，并化为一般式方程.

1. 经过点 $A(8, -2)$，斜率是 $-\frac{1}{2}$；
2. 经过点 $B(4, 2)$，平行于 x 轴；
3. 经过点 $P_1(3, -2)$，$P_2(5, -4)$；
4. 在 x 轴、y 轴上的截距分别为 $\frac{3}{2}$，-3.

（十）已知直线 l 的方程为 $Ax+By+c=0$，解答下列问题.

1. 当 $B\neq0$ 时，直线 l 的斜率是多少？当 $B=0$ 呢？
2. 系数 A，B，C 取什么值时，方程 $Ax+By+c=0$ 表示过原点的直线？

（十一）求值

1. 已知直线的斜率的绝对值为 1，求直线的倾斜角.
2. 已知四边形 $ABCD$ 的四个顶点是 $A(2, 3)$，$B(1, -1)$，$C(-1, -2)$，$D(-2, 2)$，求四边形的四条边所在的直线斜率.
3. m 为何值时，经过两点 $A(-m, 6)$，$B(1, 3m)$ 的直线的斜率为 12？
4. m 为何值时，经过两点 $A(m, 2)$，$B(-m, -2m-1)$ 的直线倾斜角是 $60°$？

（十二）判断直线是否平行，是否垂直？

1. l_1 的斜率为 2，l_2 经过点 $A(1, 2)$，$B(4, 8)$；
2. l_1 经过点 $M(-1, 0)$，$N(-5, -2)$，l_2 经过点 $R(-4, 3)$，$S(0, 5)$；
3. l_1 的斜率为 $-\frac{2}{3}$，l_2 经过点 $A(1, 1)$，$B\left(0, -\frac{1}{2}\right)$；
4. l_1 的倾斜角为 $45°$，l_2 经过点 $P(-2, -1)$，$Q(3, -6)$.

（十三）写出符合下列条件的直线方程.

1. 斜率是 $\frac{\sqrt{3}}{3}$，经过点 $A(8, -2)$；
2. 经过点 $B(-2, 0)$，且与 x 轴垂直；
3. 斜率为 -4，在 y 轴上的截距为 7；
4. 经过点 $A(-1, 8)$，$B(4, -2)$.
5. 经过点 $A(3, 2)$，且与直线 $4x+y-2=0$ 平行；
6. 经过点 $B(3, 0)$，且与直线 $2x+y-5=0$ 垂直.

想一想

1. 如果两条直线的斜率都不存在，这两条直线的位置关系如何？
2. 在直线的点斜式方程中：
   若倾斜角为 $0°$，方程是什么？
   若倾斜角为 $90°$，方程是什么？
3. 设两条直线 $l_1: A_1x+B_1y+C_1=0$；$l_2: A_2x+B_2y+C_2=0$；
   什么时候这两条直线平行？
   什么时候这两条直线垂直？
   什么时候两条直线重合？
   什么时候直线的斜率不存在？
   两条直线的夹角怎么定义？你会求这两条直线的夹角吗？

6.2 圆与切线

认一认

圆周率	yuánzhōulǜ	pi
周长	zhōucháng	circumference
标准方程	biāozhǔn fāngchéng	standard equation
一般方程	yìbān fāngchéng	general equation
割线	gēxiàn	secant line
相切	xiāngqiē	tangency
切线	qiēxiàn	tangent
切点	qiēdiǎn	point of tangency
相离	xiānglí	disjoint

学一学

(一) 圆的方程和圆周率

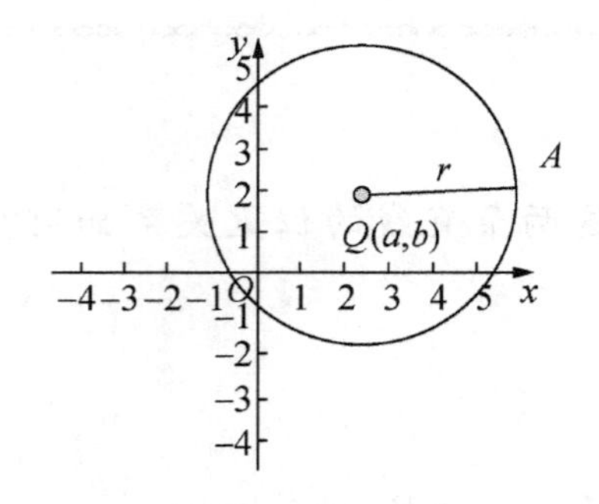

怎样求圆心在(a, b)、半径为r的圆的方程?

半径为 r 的圆的面积为 $S=\pi r^2$，π 称为圆周率；

半径为 r 的圆的周长为 $l=2\pi r$.

圆心坐标为（a，b），半径为 r 的圆的方程为 $(x-a)^2+(y-b)^2=r^2$，称为圆的标准方程.

特别地，圆心在原点、半径为 r 的圆的方程为 $x^2+y^2=r^2$.

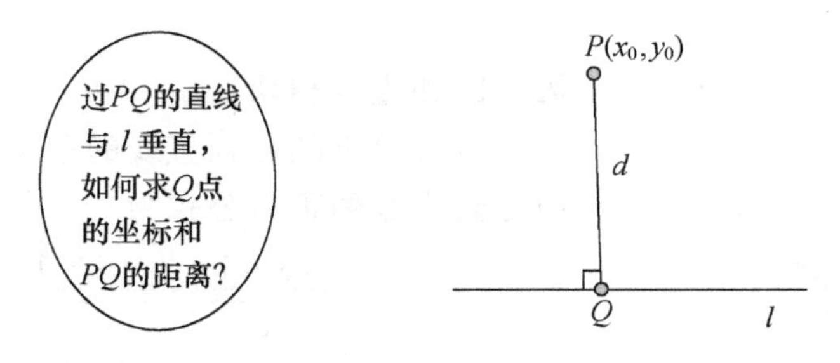

设直线 l 的方程为 $Ax+By+C=0$，直线外一点 $P(x_0,\ y_0)$；

点到直线的距离公式为 $d=\dfrac{|Ax_0+By_0+C|}{\sqrt{A^2+B^2}}$，其中 A、B 不同时为零.

（二）直线和圆——相离，相切，相交

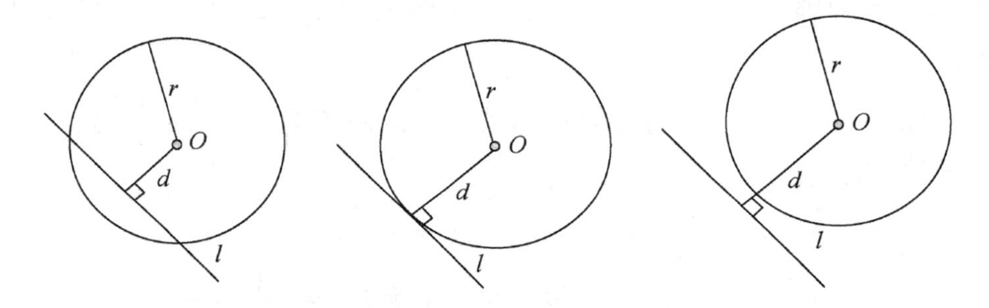

直线和圆有两个公共点，称直线和圆相交，直线叫作圆的割线；

直线和圆有一个公共点，称直线和圆相切，直线叫作圆的切线；

这个点叫作切点.

直线和圆没有公共点，称直线和圆相离.

（三）圆和圆——相离，相切，相交

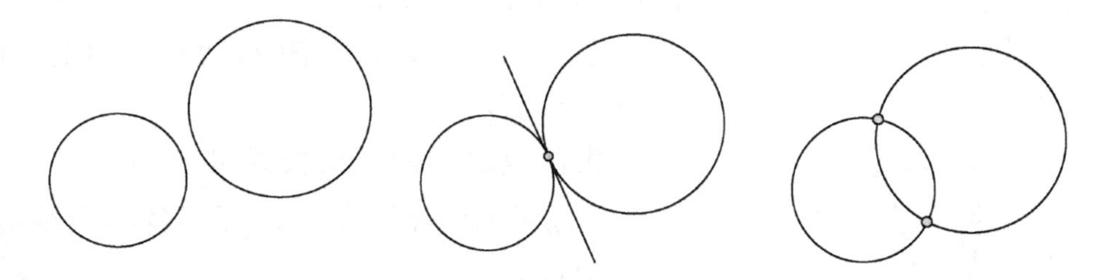

两个圆没有公共点，称这两个圆相离；

两个圆有一个公共点，称这两个圆相切；

两个圆有两个公共点，称这两个圆相交.

 **例 1**　设圆以 $C(1,\ 3)$ 为圆心，并和直线 $3x-4y-1=0$ 相切，求

1. 圆的半径；
2. 圆的标准方程.

解：

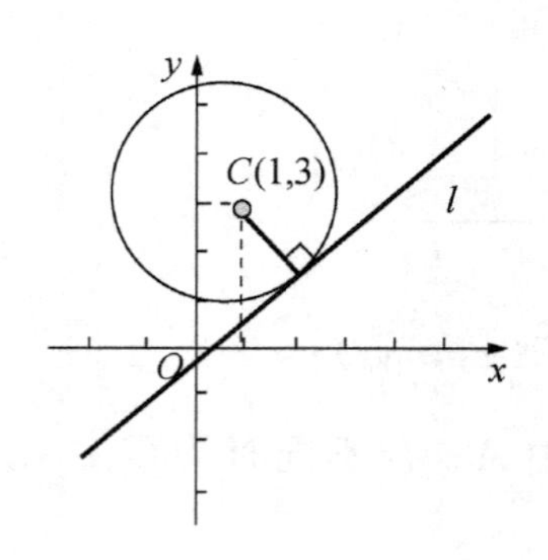

1. 因为圆和直线相切，
   所以半径等于圆心到直线的距离；
   由点到直线的距离公式为
   $$r=\frac{|3\cdot 1-4\cdot 3-1|}{\sqrt{3^2+(-4)^2}}=2;$$
2. 圆的标准方程为 $(x-1)^2+(y-3)^2=2$.
   $(x-1)^2+(y-3)^2=2 \Rightarrow x^2-2x-6y+8=0$；
   $x^2-2x-6y+8=0$ 也是圆的方程，
   称为圆的一般方程.

例 2 已知圆的方程 $x^2+y^2=2$，求过圆上一点（1，1）的切线方程.

解：

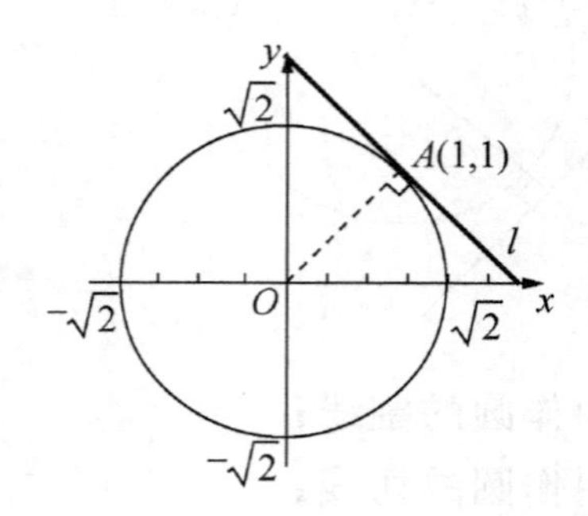

过原点的直线 OA 的斜率为 $k_1=\frac{1-0}{1-0}=1$；

设 l 的斜率为 k_2.

$OA\perp l \Rightarrow k_1\cdot k_2=-1$；

所以直线 l 的斜率为 $k_2=-\frac{1}{k_1}=-1$，

过（1，1）切线方程为

$$y-1=-1(x-1).$$

例 3 已知圆过点 $A(-2，1)$，$B(2，3)$，圆心 C 在 x 轴上，求圆的方程.

解：

因为圆心在 x 轴上，所以圆心 C 的坐标为 $(a，0)$.

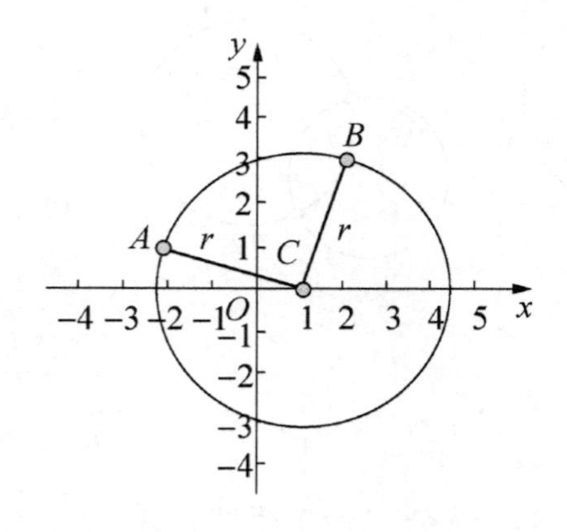

因为 $A(-2，1)$，$B(2，3)$ 在圆上，所以 $|CA|=|CB|$.

由两点之间的距离公式可知，

$\sqrt{(a+2)^2+(0-1)^2}=\sqrt{(a-2)^2+(0-3)^2}$，

解得 $a=1$.

所以圆心 C 的坐标为（1，0）；

半径 $r=\sqrt{(a+2)^2+(0-1)^2}=\sqrt{10}$；

从而圆的方程为

$$(x-1)^2+y^2=10.$$

读一读

曲线的方程和方程的曲线

在直角坐标系中，如果曲线 C 上的点与二元方程 $f(x, y)=0$ 的实数解之间有如下关系：

1. 曲线上的点的坐标都是这个方程的解；
2. 以这个方程的解为坐标的点都是曲线上的点.

那么，这个方程叫作曲线的方程；这条曲线叫作方程的曲线.

练一练

（一）求下列点到直线的距离.

1. $O(0, 0)$，$3x+2y-26=0$；
2. $A(-2, 3)$，$3x+2y+3=0$；
3. $B(0, 1)$，$\sqrt{3}x+2y+\sqrt{3}=0$；
4. $O(0, 0)$，$x-y=0$；
5. $D(2, -1)$，$4x-y=0$.

（二）指出下列圆的圆心和半径.

1. $(x-2)^2+y^2=9$；　　2. $x^2+y^2=3$；
3. $x^2+y^2-6x+4y+12=0$；　　4. $x^2+y^2+2by=0$.

（三）判断 $3x-4y-10=0$ 和 $x^2+y^2=4$ 的位置关系.

（四）圆过点 $A(-10, 0)$，$B(10, 0)$，$C(0, 4)$，求圆的方程.

（五）求经过两圆 $x^2+y^2+6x-4=0$ 和 $x^2+y^2+6y-28=0$ 的交点，并且圆心在直线 $x-y-4=0$ 上的圆的方程.

（六）等腰三角形的顶点是 $A(4, 2)$，底边一个端点是 $B(3, 5)$，求另一个端点的轨迹方程，并说明它的轨迹是什么.

（七）点 $M(x_0, y_0)$ 在 $x^2+y^2=r^2$ 上，求过 M 的圆的切线方程.

想一想

将圆的标准方程 $(x-a)^2+(y-b)^2=r^2$ 展开，得

$$x^2+y^2-2ax-2by+(a^2+b^2-r^2)=0.$$

取 $D=-2a$，$E=-2b$，$F=a^2+b^2-r^2$，得

$$x^2+y^2+Dx+Ey+F=0.$$

将上方程配方，得

$$\left(x+\frac{D}{2}\right)^2+\left(y+\frac{E}{2}\right)^2=\frac{D^2+E^2-4F}{4}.$$

讨论

1. D，E，F 满足什么条件时，上述方程表示一个圆？圆心是什么？半径的长度是多少？
2. D，E，F 满足什么条件时，上述方程表示一个点？点的坐标是什么？

6.3 椭圆、双曲线和抛物线

认一认

椭圆	tuǒyuán	ellipse
焦点	jiāodiǎn	focal point
焦距	jiāojù	focal length
长半轴	chángbànzhóu	major semi-axis
短半轴	duǎnbànzhóu	minor semi-axis
长轴	chángzhóu	major axis
短轴	duǎnzhóu	minor axis
双曲线	shuāngqūxiàn	hyperbola
实轴	shízhóu	real axis
虚轴	xūzhóu	imaginary axis
渐近线	jiànjìnxiàn	asymptote
准线	zhǔnxiàn	directrix
几何性质	jǐhé xìngzhì	geometric property

学一学

（一）椭圆

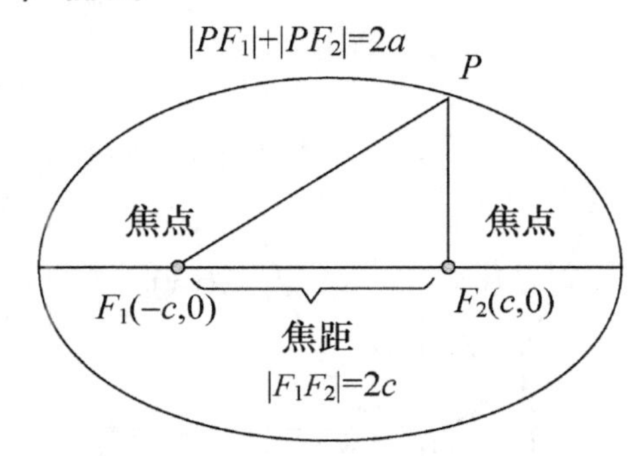

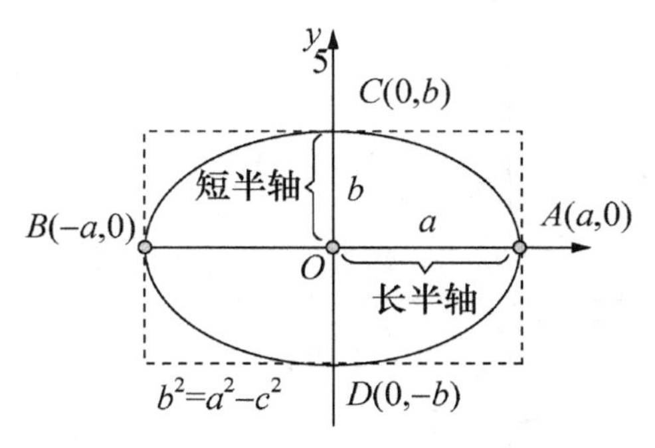

与两个定点的距离之和等于常数的点的轨迹称为椭圆；

这两个定点 F_1、F_2 称为焦点，两焦点间的距离 $2c$ 称为焦距.

中心在原点，焦点在 x 轴的椭圆标准方程为 $\frac{x^2}{a^2}+\frac{y^2}{b^2}=1$（$a>b>0$）；

a 和 b 分别称为椭圆的长半轴和短半轴，

$2a$ 和 $2b$ 分别称为椭圆的长轴和短轴.

$$a^2=b^2+c^2$$

椭圆的面积为 $S=\pi ab$.

（二）双曲线

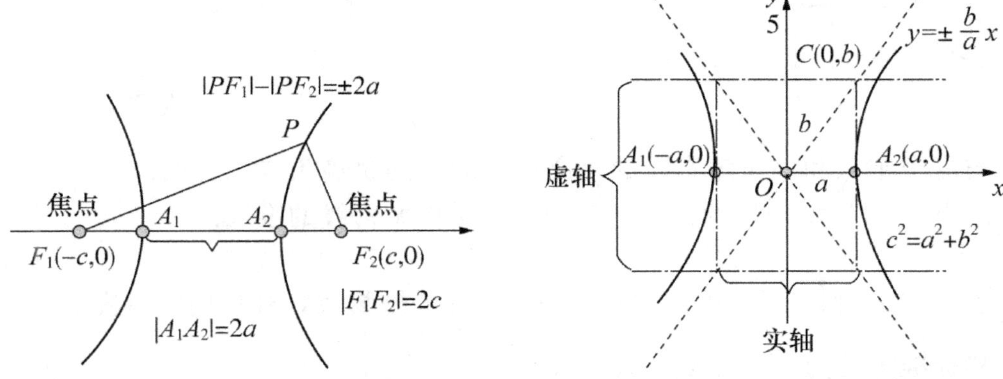

与两个定点的距离之差的绝对值等于常数的点的轨迹称为双曲线；

这两个定点 F_1、F_2 称为焦点，

两焦点间的距离 $2c$ 称为焦距.

中心在原点、焦点在 x 轴的双曲线标准方程为$\frac{x^2}{a^2}-\frac{y^2}{b^2}=1$（$a$，$b>0$）；

a 和 b 分别称为双曲线的实半轴和虚半轴，

$2a$ 和 $2b$ 分别称为双曲线的实轴和虚轴.

$$c^2=a^2+b^2$$

直线 $y=\pm\frac{b}{a}x\left(\frac{x}{a}\pm\frac{y}{b}=0\right)$称为双曲线的渐近线.

（三）抛物线

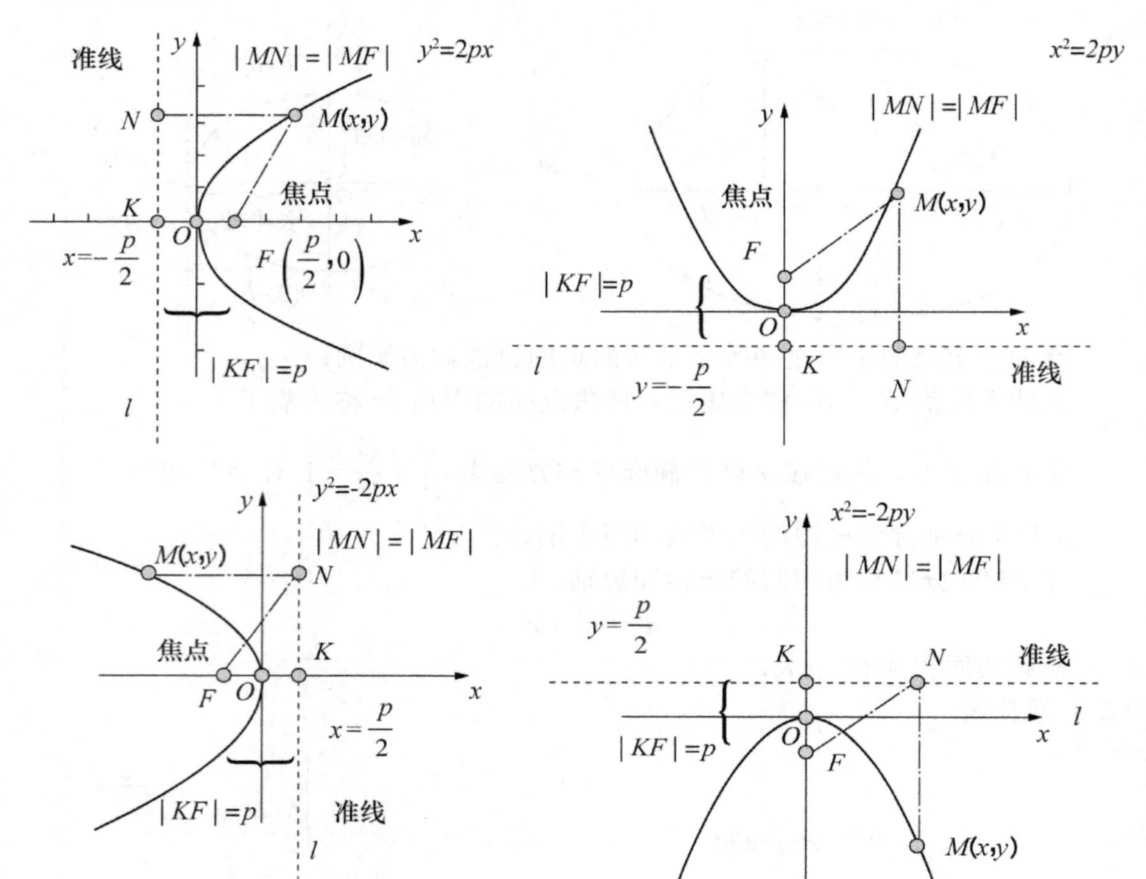

与一个定点和一条定直线的距离相等的点的轨迹叫作抛物线.
定点 F 叫作抛物线的焦点，定直线 l 叫作抛物线的准线.

焦点在 x 轴$\left(\pm\frac{p}{2},\ 0\right)$、准线为 $x=\mp\frac{p}{2}$的抛物线，开口向右（左），其标准方程为 $y^2=\pm 2px$（$p>0$）；

焦点在 y 轴$\left(0,\ \pm\frac{p}{2}\right)$、准线为 $y=\mp\frac{p}{2}$的抛物线，开口向上（下），其标准方程为 $x^2=\pm 2py$（$p>0$）.

例 1　求椭圆 $16x^2+25y^2=400$ 的长轴、短轴的长和焦点.

解：

因为 $16x^2+25y^2=400$，故椭圆的标准方程为 $\frac{x^2}{5^2}+\frac{y^2}{4^2}=1$.

所以 $a=5$，$b=4$，$c=\sqrt{5^2-4^2}=3$.

因此椭圆的长轴的长 $2a=10$，短轴的长 $2b=8$；

两个焦点的坐标为 $F_1(-3,0)$，$F_2(3,0)$.

例 2　椭圆的两个焦点的坐标为 $F_1(-4,0)$，$F_2(4,0)$，椭圆上的一点 P 到两个焦点的距离之和等于 10，求椭圆的标准方程.

解：

因为椭圆的焦点在 x 轴上，所以设它的标准方程为

$\frac{x^2}{a^2}+\frac{y^2}{b^2}=1\ (a>b>0)$.

又因为 $2a=10$，$2c=8$，故 $a=5$，$c=4$，从而

$b^2=a^2-c^2=5^2-4^2=9$，

因此所求方程为 $\frac{x^2}{25}+\frac{y^2}{9}=1$.

例 3　已知双曲线的两个焦点的坐标为 $F_1(-5,0)$，$F_2(5,0)$，双曲线上的一点 P 到两个焦点的距离之差的绝对值等于 6，求双曲线的标准方程.

解：

因为双曲线的焦点在 x 轴上，所以设它的标准方程为

$\frac{x^2}{a^2}-\frac{y^2}{b^2}=1\ (a>0,\ b>0)$.

又因为 $2a=6$，$2c=10$，故 $a=3$，$c=5$，从而

$b^2=c^2-a^2=5^2-3^2=16$，

因此所求方程为 $\frac{x^2}{9}-\frac{y^2}{16}=1$.

例 4

1. 已知抛物线的标准方程为 $y^2=6x$，求它的焦点坐标和准线方程.
2. 已知抛物线的焦点坐标是 $F(0,-2)$，求它的标准方程.

解：

1. 因为抛物线的标准方程为 $y^2=6x$，所以 $p=3$.

   焦点坐标是 $\left(\frac{3}{2},0\right)$，准线方程是 $x=-\frac{3}{2}$.

2. 因为焦点在 y 轴负半轴上，所以 $\frac{p}{2}=2$.

   因此抛物线的标准方程是 $x^2=-8y$.

读一读

椭圆的几何性质 $\frac{x^2}{a^2}+\frac{y^2}{b^2}=1$ (a, $b>0$)

1. 图像关于 x 轴对称，关于 y 轴对称，关于原点对称；
2. 原点叫作椭圆的对称中心，简称中心；x 轴、y 轴叫作对称轴；
3. 椭圆与对称轴的交点称为椭圆的顶点，椭圆有 4 个顶点：
   和 x 轴的 2 个交点 $(-a, 0)$，$(a, 0)$；和 y 轴的 2 个交点 $(0, -b)$，$(0, b)$.

双曲线的几何性质 $\frac{x^2}{a^2}-\frac{y^2}{b^2}=1$ (a, $b>0$)

1. 图像关于 x 轴对称，关于 y 轴对称，关于原点对称；
2. 双曲线和 x 轴有两个交点 $(-a, 0)$，$(a, 0)$；
   两个顶点的距离称为双曲线的实轴.
3. 双曲线和 y 轴没有交点.

抛物线的几何性质 $y^2=2px$ ($p>0$)

1. 图像关于 x 轴对称，抛物线的对称轴叫作抛物线的轴；
2. 抛物线和它的轴的交点叫作抛物线的顶点，顶点就是坐标原点；
3. 抛物线在 y 轴的右侧.

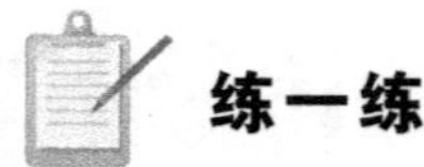

练一练

（一）填空

1. 椭圆 $\frac{x^2}{25}+\frac{y^2}{9}=1$ 上一点 P 到一个焦点的距离为 5，则 P 到另一个焦点的距离为______；
2. 椭圆 $\frac{x^2}{25}+\frac{y^2}{169}=1$ 的焦点坐标是__________；
3. 已知椭圆的方程为 $\frac{x^2}{8}+\frac{y^2}{m^2}=1$，焦点在 x 轴上，则其焦距为______；
4. 以 $x\pm 2y=0$ 为渐近线的双曲线方程为__________；
5. 设 F_1，F_2 是双曲线 $\frac{x^2}{4}-y^2=1$ 的焦点，点 P 在双曲线上，$\angle F_1PF_2=90°$，则点 P 到 x 轴的距离为______.

6. 抛物线 $2y^2+3x=0$ 的焦点坐标是____________；
准线方程是__________.

（二）方程 $\frac{x^2}{9-k}-\frac{y^2}{k-3}=1$ 表示什么曲线？

（三）椭圆的两个焦点为（0，−2），（0，2），且过点 $\left(-\frac{3}{2},\ \frac{5}{2}\right)$，求椭圆方程.

（四）已知椭圆经过两点 $\left(-\frac{3}{2},\ \frac{5}{2}\right)$ 和 $(\sqrt{3},\ \sqrt{5})$，求椭圆方程.

（五）已知点 $B(1,\ 1)$ 是椭圆 $\frac{x^2}{4}+\frac{y^2}{2}=1$ 内的一个定点，过点 $B(1,\ 1)$ 作一条弦使得 $B(1,\ 1)$ 平分此弦，求此弦所在的直线方程.

（六）根据下列条件写出抛物线的标准方程.

1. 准线方程是 $y=\frac{1}{3}$.
2. 焦点到准线的距离是 4，焦点在 y 轴上.
3. 经过点 $A(6,\ -2)$.

（七）点 M 到点（0，8）距离比它到直线 $y=-7$ 的距离大 1，求 M 点的轨迹方程.

（八）抛物线 $y^2=16x$ 上的一点 P 到 x 轴的距离为 12，焦点为 F，求 $|PF|$ 的值.

想一想

1. 焦点在 y 轴的椭圆方程、双曲线的方程有什么特点？画出它们；写出一个焦点在 y 轴的椭圆方程和双曲线方程.
2. 中心在（x_0，y_0）的椭圆方程是什么样子？
写出中心为（1，2）、长轴长为 10、短轴长为 9 的椭圆方程.
3. 如果已知双曲线的渐近线方程为 $y=\pm\frac{b}{a}x=\pm\frac{kb}{ka}x$（$k>0$），则此双曲线的方程是什么？这样的双曲线有几个？

6.4 向量及其运算

认一认

有向线段	yǒuxiàng xiànduàn	directed line segment
向量	xiàngliàng	vector
模	mó	model
零向量	língxiàngliàng	zero vector
单位向量	dānwèi xiàngliàng	unit vector
平行向量	píngxíng xiàngliàng	parallel vectors
共线向量	gòngxiàn xiàngliàng	collinear vectors
相等向量	xiāngděng xiàngliàng	equel vector
负向量	fùxiàngliàng	negative vector
三角形法则	sānjiǎoxíng fǎzé	the triangle principle
平行四边形法则	píngxíng sìbiānxíng fǎzé	parallelogram law
平行四边形	píngxíng sìbiānxíng	parallelogram
数乘	shùchéng	multiplication of vector by scalar
当且仅当	dāng qiě jǐn dāng	if and only if
交换律	jiāohuànlǜ	commutative law
分配律	fēnpèilǜ	distributive law
结合律	jiéhélǜ	associative law
基本单位向量	jīběn dānwèi xiàngliàng	basic units vector
坐标表示	zuòbiāo biǎoshì	coordinate representation
正交分解	zhèngjiāo fēnjiě	orthogonal decomposition

学一学

（一）向量

具有方向的线段称为有向线段，记为 $\overrightarrow{AB}$；线段的长度是有向线段的长度，记为 $|\overrightarrow{AB}|$

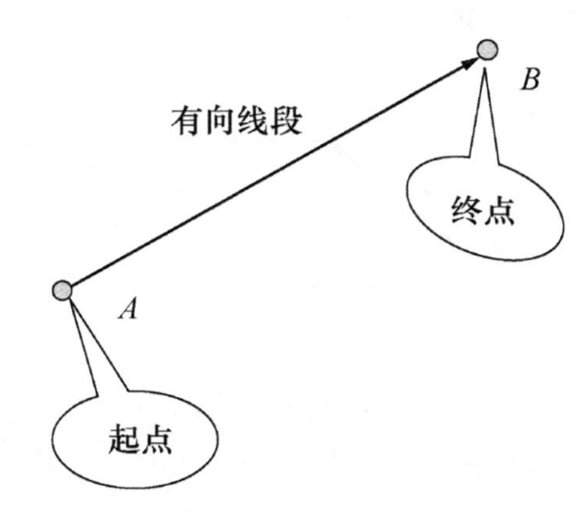

既有大小又有方向的量称为向量，
向量用有向线段表示；
向量 $\overrightarrow{AB}$ 的大小，也就是向量的长度，也称为模，记为 $|\overrightarrow{AB}|$；
长度为 0 的向量称为零向量，
长度为 1 的向量称为单位向量.

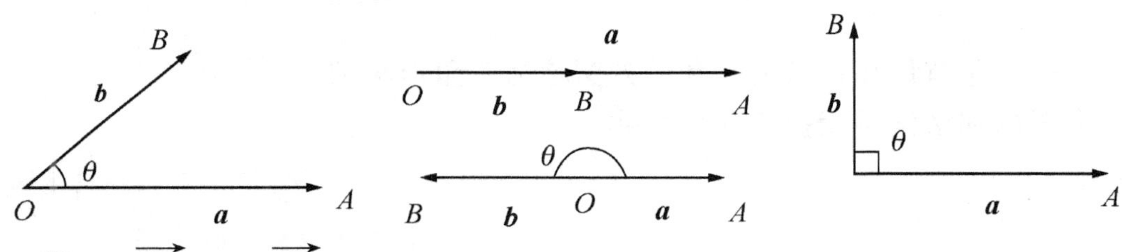

设 $\boldsymbol{a}=\overrightarrow{OA}$；$\boldsymbol{b}=\overrightarrow{OB}$.
$\angle AOB=\theta$（$0\leqslant\theta\leqslant180°$）叫作向量 $\boldsymbol{a}$ 与 $\boldsymbol{b}$ 的夹角；
当 $\theta=0°$ 时，称 $\boldsymbol{a}$ 与 $\boldsymbol{b}$ 同向；
当 $\theta=180°$ 时，称 $\boldsymbol{a}$ 与 $\boldsymbol{b}$ 反向；
当 $\theta=90°$ 时，称 $\boldsymbol{a}$ 与 $\boldsymbol{b}$ 垂直.

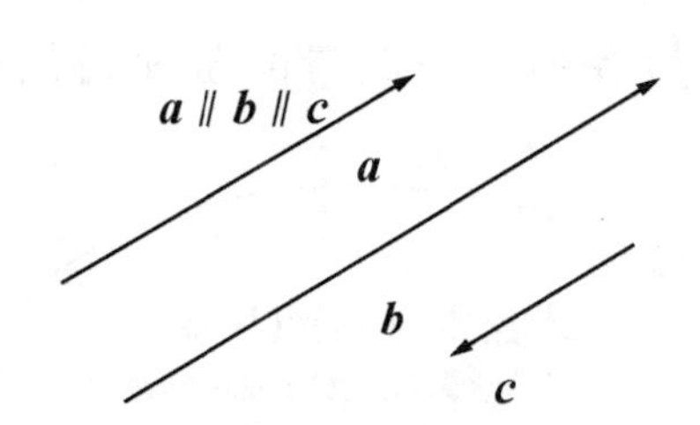

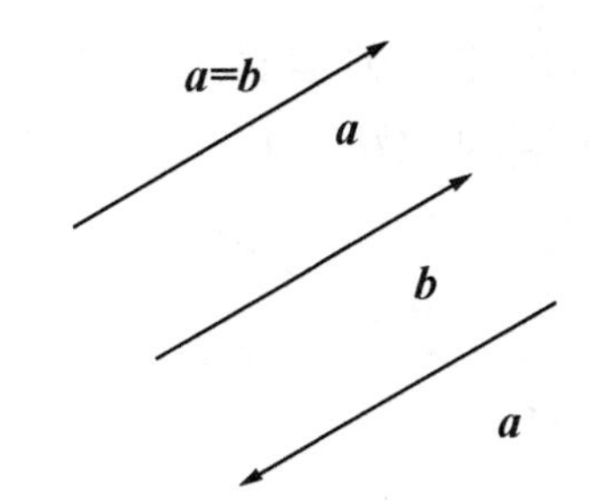

方向相同或相反的向量称为平行向量，
零向量和任何向量都平行；

平行向量也称为共线向量；

长度相等且方向相同的向量称为相等向量.

与 $\boldsymbol{a}$ 大小相同、方向相反的向量称为负向量，记为 $-\boldsymbol{a}$.

（二）向量的运算

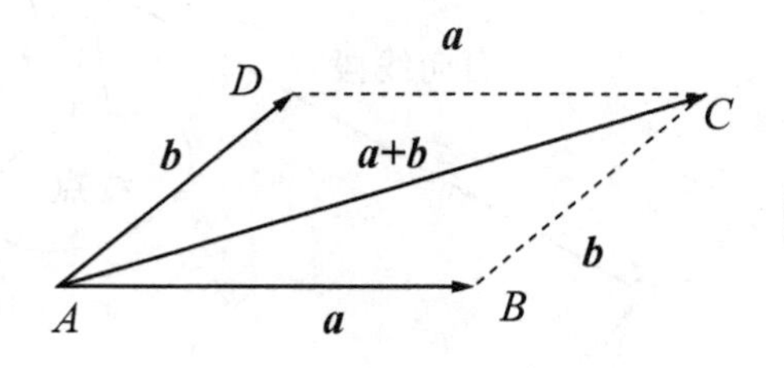

过 B 作 $BC \parallel AD$，过 $DC \parallel AB$
DC 与 BC 交于 C，连接 AC.
$\overrightarrow{AC}$ 称为 $\boldsymbol{a}$ 与 $\boldsymbol{b}$ 的和，记为 $\boldsymbol{a}+\boldsymbol{b}$

求两个向量和的运算，叫作向量的加法.

这样求向量加法的方法称为平行四边形法则.

四边形 $ABCD$ 称为平行四边形，记为▱$ABCD$.

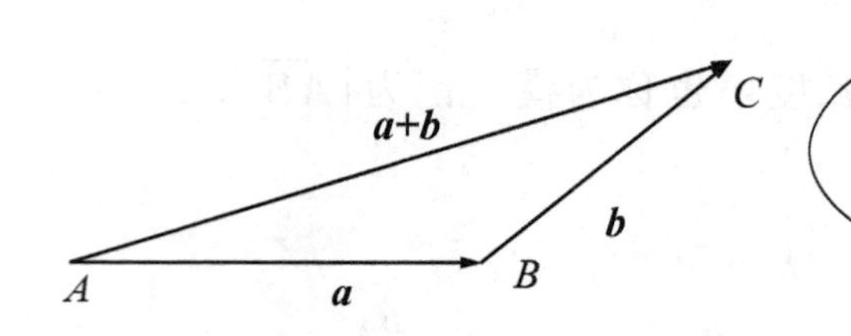

交换率 $\boldsymbol{a}+\boldsymbol{b}=\boldsymbol{b}+\boldsymbol{a}$
结合律 $(\boldsymbol{a}+\boldsymbol{b})+\boldsymbol{c}=\boldsymbol{a}+(\boldsymbol{b}+\boldsymbol{c})$

通过向量首尾相接求向量和的方法称为三角形法则，

向量的加法满足交换律和结合律.

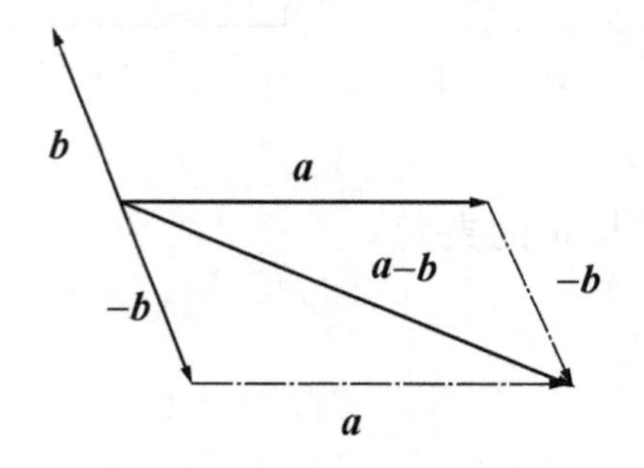

$\boldsymbol{a}+(-\boldsymbol{a})=(-\boldsymbol{a})+\boldsymbol{a}=0$
$\boldsymbol{a}-\boldsymbol{b}=\boldsymbol{a}+(-\boldsymbol{b})$

两个向量的差的运算，叫作向量的减法；

两个向量的减法，可以看作是一个向量和另一个向量的负向量的和.

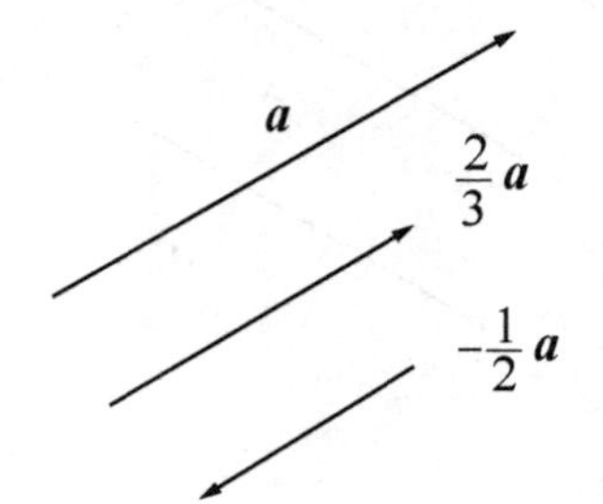

结合律 $\lambda(\mu\boldsymbol{a})=(\lambda\mu)\boldsymbol{a}$
分配律 $(\lambda+\mu)\boldsymbol{a}=\lambda\boldsymbol{a}+\mu\boldsymbol{a}$
$\lambda(\boldsymbol{a}+\boldsymbol{b})=\lambda\boldsymbol{a}+\lambda\boldsymbol{b}$

实数 λ 和向量 $\boldsymbol{a}$ 的积是一个向量，称为向量的数乘，记为 $\lambda\boldsymbol{a}$.

1. $|\lambda\boldsymbol{a}|=|\lambda||\boldsymbol{a}|$；
2. $\lambda>0$ 时，$\lambda\boldsymbol{a}$ 与 $\boldsymbol{a}$ 同向；
   $\lambda<0$ 时，$\lambda\boldsymbol{a}$ 与 $\boldsymbol{a}$ 反向；
   $\lambda=0$ 时，$\lambda\boldsymbol{a}=0$.

如果 $\boldsymbol{a}$（$\boldsymbol{a}\neq 0$）与 $\boldsymbol{b}$ 共线，当且仅当有唯一的 λ，使得 $\boldsymbol{b}=\lambda\boldsymbol{a}$.

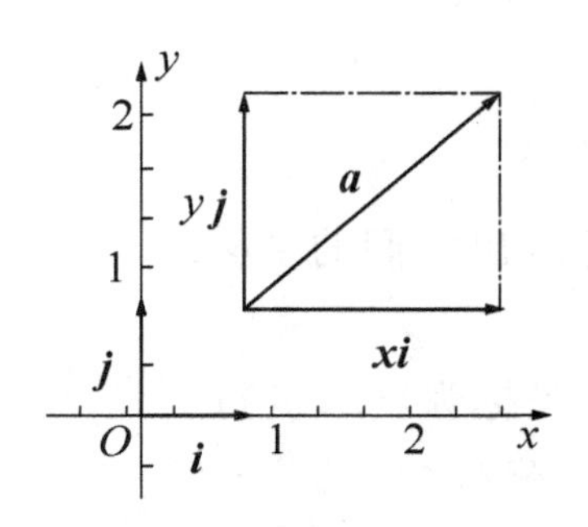

与 x 轴方向相同的单位向量记为 $\boldsymbol{i}$，$\boldsymbol{i}=(1,\ 0)$；

与 y 轴方向相同的单位向量记为 $\boldsymbol{j}$，$\boldsymbol{j}=(0,\ 1)$.

把一个向量分解为两个互相垂直的向量，叫作把向量正交分解.

存在唯一的一对实数 x，y，使得 $\boldsymbol{a}=x\boldsymbol{i}+y\boldsymbol{j}$；

$\boldsymbol{i}$，$\boldsymbol{j}$ 称为基本单位向量；$(x,\ y)$ 称为 $\boldsymbol{a}$ 的坐标.

 **例 1**　在图中找出与 $\overrightarrow{OA}$、$\overrightarrow{OB}$、$\overrightarrow{CO}$ 相等的向量.

解：

$\overrightarrow{OA}=\overrightarrow{CB}=\overrightarrow{DO}=\overrightarrow{EF}$

$\overrightarrow{OB}=\overrightarrow{FA}=\overrightarrow{EO}$

$\overrightarrow{CO}=\overrightarrow{BA}=\overrightarrow{OF}$

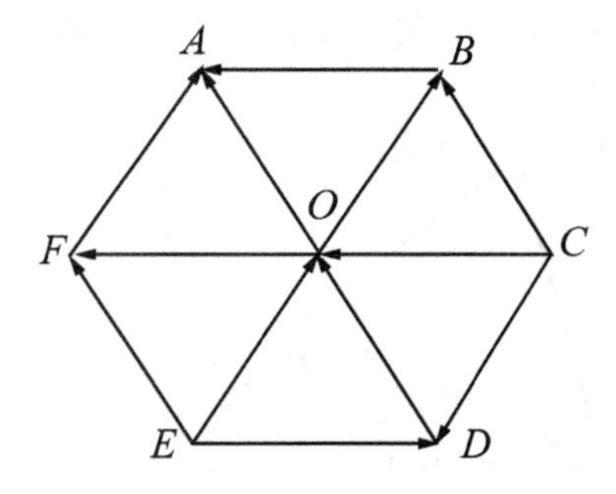

 **例 2**　在 $\square ABCD$ 中，$\overrightarrow{AB}=\boldsymbol{a}$，$\overrightarrow{AD}=\boldsymbol{b}$，用 $\boldsymbol{a}$，$\boldsymbol{b}$ 表示 $\overrightarrow{MA}$，$\overrightarrow{MB}$，$\overrightarrow{MC}$，$\overrightarrow{MD}$.

解：

$\overrightarrow{AC}=\boldsymbol{a}+\boldsymbol{b}$，$\overrightarrow{DB}=\boldsymbol{a}-\boldsymbol{b}$

$\overrightarrow{MC}=\frac{1}{2}(\boldsymbol{a}+\boldsymbol{b})$，$\overrightarrow{MA}=-\frac{1}{2}(\boldsymbol{a}+\boldsymbol{b})$；

$\overrightarrow{MB}=\frac{1}{2}(\boldsymbol{a}-\boldsymbol{b})$，$\overrightarrow{MD}=-\frac{1}{2}(\boldsymbol{a}-\boldsymbol{b})$.

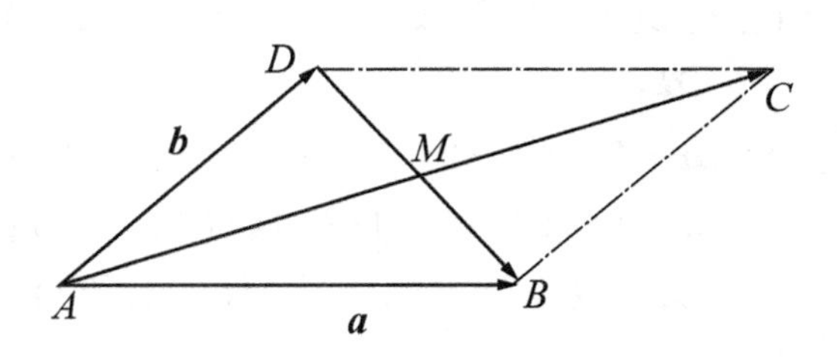

例 3 计算

1. $(-3)\cdot 4\boldsymbol{a}$；
2. $3(\boldsymbol{a}+\boldsymbol{b})-2(\boldsymbol{a}-\boldsymbol{b})-\boldsymbol{a}$；
3. $(2\boldsymbol{a}+3\boldsymbol{b}-\boldsymbol{c})-(3\boldsymbol{a}-2\boldsymbol{b}+\boldsymbol{c})$.

解：

1. $(-3)\cdot 4\boldsymbol{a}=-12\boldsymbol{a}$；
2. $3(\boldsymbol{a}+\boldsymbol{b})-2(\boldsymbol{a}-\boldsymbol{b})-\boldsymbol{a}=5\boldsymbol{b}$；
3. $(2\boldsymbol{a}+3\boldsymbol{b}-\boldsymbol{c})-(3\boldsymbol{a}-2\boldsymbol{b}+\boldsymbol{c})=-\boldsymbol{a}+5\boldsymbol{b}-2\boldsymbol{c}$.

 **例 4** 用 $\boldsymbol{i}$ 和 $\boldsymbol{j}$ 表示向量 $\boldsymbol{a}$，$\boldsymbol{b}$，$\boldsymbol{c}$，$\boldsymbol{d}$，并求出它们的坐标.

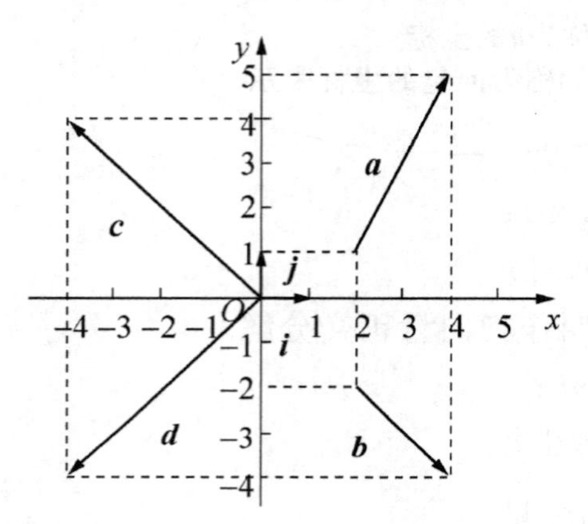

解：

$\boldsymbol{a}=2\boldsymbol{i}+\boldsymbol{j}$，坐标为 $(2, 1)$；

$\boldsymbol{b}=2\boldsymbol{i}-2\boldsymbol{j}$，坐标为 $(2, -2)$；

$\boldsymbol{c}=-4\boldsymbol{i}+4\boldsymbol{j}$，坐标为 $(-4, 4)$；

$\boldsymbol{d}=-4\boldsymbol{i}-4\boldsymbol{j}$，坐标为 $(-4, -4)$.

 **例 5** 已知 $A(x_1, y_1)$，$B(x_2, y_2)$，求 $\overrightarrow{AB}$ 的坐标.

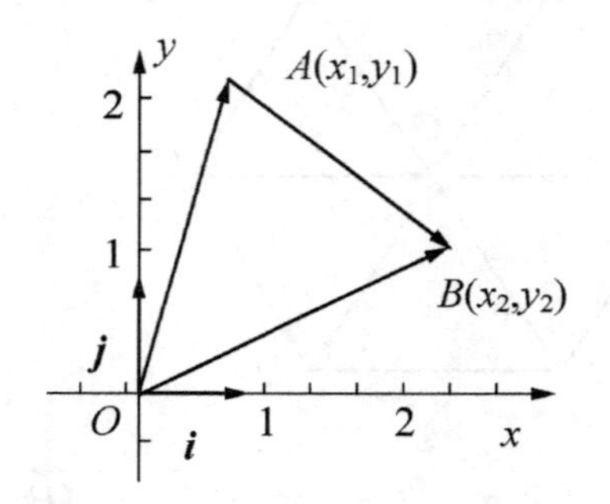

解：

$$\overrightarrow{AB}=\overrightarrow{OB}-\overrightarrow{OA}$$
$$=(x_2, y_2)-(x_1, y_1)$$
$$=(x_2-x_1, y_2-y_1).$$

 **例 6** 已知 $\boldsymbol{a}(2, 1)$，$\boldsymbol{b}(-3, 4)$，求 $\boldsymbol{a}+\boldsymbol{b}$，$\boldsymbol{a}-\boldsymbol{b}$，$3\boldsymbol{a}+4\boldsymbol{b}$ 的坐标.

解：

$\boldsymbol{a}+\boldsymbol{b}=(2-3, 1+4)=(-1, 5)$；

$\boldsymbol{a}-\boldsymbol{b}=(2+3, 1-4)=(5, -5)$；

$3\boldsymbol{a}+4\boldsymbol{b}=(3(2, 1)+4(-3, 4))=((6, 3)+(-12, 16))=(-6, 19)$.

例 7　已知▱$ABCD$三个顶点A，B，C的坐标分别为（−2，1），（−1，3），（3，4），求顶点D的坐标.

解：

设顶点D的坐标为（x，y），因为$\overrightarrow{AB}=(-1-(-2),\ 3-1)=(1,\ 2)$，

$\overrightarrow{DC}=(3-x,\ 4-y)$

由$\overrightarrow{AB}=\overrightarrow{DC}$，得

$(1,\ 2)=(3-x,\ 4-y)$；

$\begin{cases}1=3-x\\2=4-y\end{cases}\Rightarrow\begin{cases}x=2\\y=2\end{cases}$，所以顶点$D$的坐标为（2，2）.

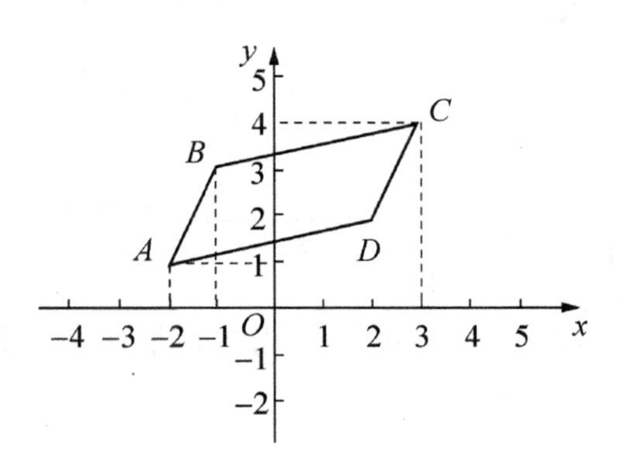

例 8　已知$\boldsymbol{a}=(4,\ 2)$，$\boldsymbol{b}=(6,\ y)$且$\boldsymbol{a}/\!/\boldsymbol{b}$，求$y$.

解：

因为$\boldsymbol{a}/\!/\boldsymbol{b}$，所以由唯一的$\lambda\in\mathbf{R}$，满足$\boldsymbol{a}=\lambda\boldsymbol{b}$；

即（4，2）$=\lambda(6,\ y)$，$4=6\lambda$，$2=y\lambda$，解得$\lambda=\dfrac{2}{3}$，$y=3$.

设$\boldsymbol{a}=(x_1,\ x_2)$，$\boldsymbol{b}=(y_1,\ y_2)$，其中$\boldsymbol{b}\neq0$，当且仅当$x_1y_2-x_2y_1=0$时，向量$\boldsymbol{a}$，$\boldsymbol{b}$（$\boldsymbol{b}\neq0$）共线.

读一读

$\boldsymbol{a}=(x_1,\ y_1)$，$\boldsymbol{b}=(x_2,\ y_2)$
$\boldsymbol{a}+\boldsymbol{b}=(x_1+x_2,\ y_1+y_2)$
$\boldsymbol{a}-\boldsymbol{b}=(x_1-x_2,\ y_1-y_2)$
$\lambda\boldsymbol{a}=(\lambda x_1,\ \lambda y_1)$，$\lambda\in\mathbf{R}$

1. $\boldsymbol{a}+\boldsymbol{b}=(x_1+x_2,\ y_1+y_2)$
两个向量和的坐标分别等于这两个向量相应的坐标的和；
2. $\boldsymbol{a}-\boldsymbol{b}=(x_1-x_2,\ y_1-y_2)$
两个向量差的坐标分别等于这两个向量相应的坐标的差；
3. $\lambda\boldsymbol{a}=(\lambda x_1,\ \lambda y_1)$
实数与向量的积的坐标等于用这个实数乘原来向量的相应坐标.
4. $A(x_1,\ y_1)$，$B(x_2,\ y_2)\Rightarrow\overrightarrow{AB}=(x_2-x_1,\ y_2-y_1)$
一个向量的坐标等于终点的坐标减去起点的坐标.

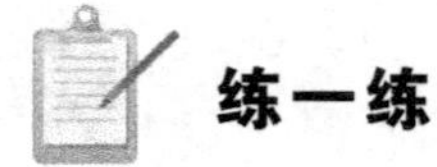

练一练

（一）已知 $\boldsymbol{a}$，$\boldsymbol{b}$，用向量加法的三角形法则画出 $\boldsymbol{a}+\boldsymbol{b}$.

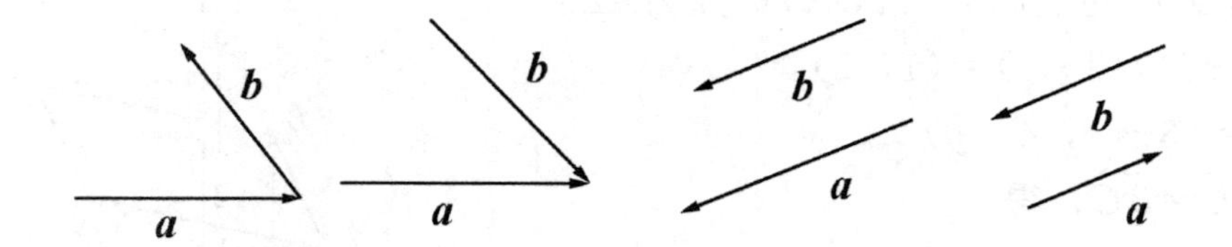

（二）已知 $\boldsymbol{a}$，$\boldsymbol{b}$，用向量加法的三角形法则画出 $\boldsymbol{a}+\boldsymbol{b}$.

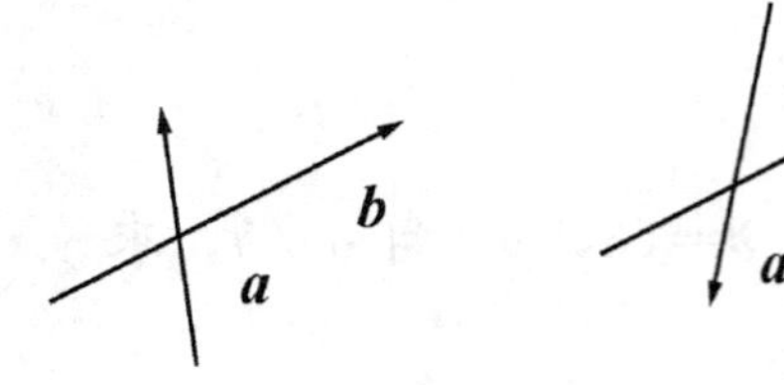

（三）已知 $\boldsymbol{a}$，$\boldsymbol{b}$，画出 $\boldsymbol{a}-\boldsymbol{b}$.

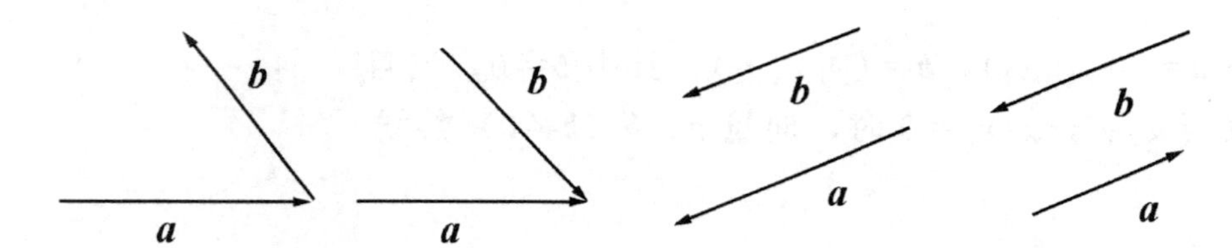

（四）填空

1．$\boldsymbol{a}+\boldsymbol{b}=$______；　　2．$\boldsymbol{c}+\boldsymbol{d}=$______.

（五）填空

1．$\boldsymbol{a}+\boldsymbol{b}=$______；　　2．$\boldsymbol{c}+\boldsymbol{d}=$______；

3．$\boldsymbol{a}+\boldsymbol{b}+\boldsymbol{d}=$______；　　4．$\boldsymbol{c}+\boldsymbol{d}+\boldsymbol{e}=$______.

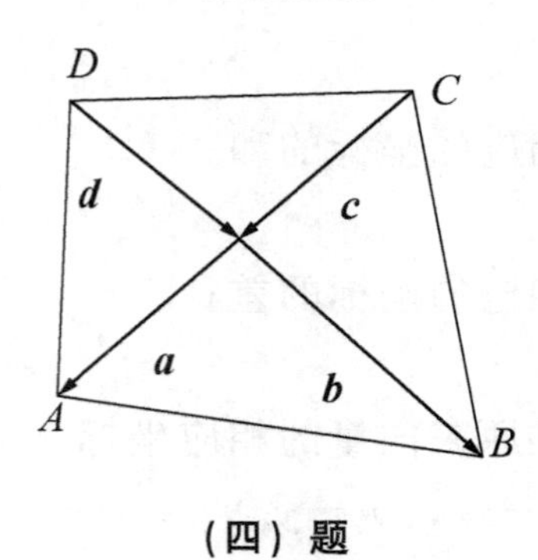

（四）题

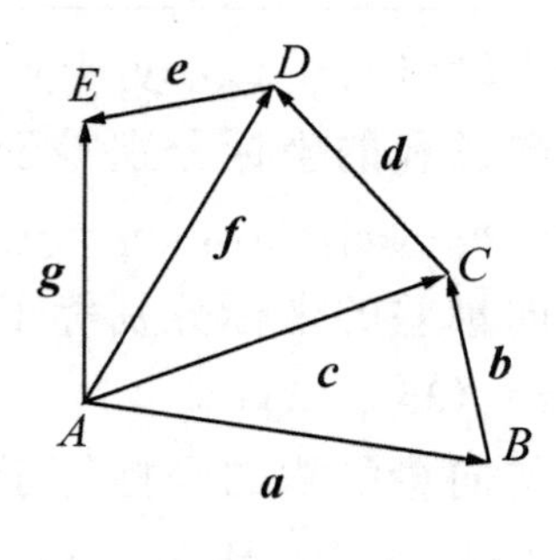

（五）题

（六）填空

1. $\overrightarrow{AB}-\overrightarrow{AD}=$______；　2. $\overrightarrow{BA}-\overrightarrow{BC}=$______；

3. $\overrightarrow{BC}-\overrightarrow{BA}=$______；　4. $\overrightarrow{OD}-\overrightarrow{OA}=$______；

5. $\overrightarrow{OA}-\overrightarrow{OB}=$______；

（七）已知向量 $\boldsymbol{a}$，$\boldsymbol{b}$ 的坐标，求 $\boldsymbol{a}+\boldsymbol{b}$，$\boldsymbol{a}-\boldsymbol{b}$ 的坐标.

1. $\boldsymbol{a}=(-2,4)$，$\boldsymbol{b}=(5,2)$；　2. $\boldsymbol{a}=(4,3)$，$\boldsymbol{b}=(-3,8)$；

3. $\boldsymbol{a}=(2,3)$，$\boldsymbol{b}=(-2,-3)$；　4. $\boldsymbol{a}=(3,0)$，$\boldsymbol{b}=(0,4)$.

（八）已知 $\boldsymbol{a}=(3,2)$，$\boldsymbol{b}=(0,-1)$，求 $-2\boldsymbol{a}+4\boldsymbol{b}$，$4\boldsymbol{a}+3\boldsymbol{b}$ 的坐标.

（九）已知 A，B 两点的坐标，求 $\overrightarrow{AB}$，$\overrightarrow{BA}$ 的坐标.

1. $A(3,5)$，$B(6,9)$；　2. $A(-3,4)$，$B(6,3)$；

3. $A(0,3)$，$B(0,5)$；　4. $A(3,0)$，$B(8,0)$.

（十）化简

1. $5(3\boldsymbol{a}-2\boldsymbol{b})+4(2\boldsymbol{b}-3\boldsymbol{a})$；

2. $\frac{1}{3}(\boldsymbol{a}-2\boldsymbol{b})-\frac{1}{4}(3\boldsymbol{b}-2\boldsymbol{a})-\frac{1}{2}(\boldsymbol{a}-\boldsymbol{b})$；

3. $(x+y)\boldsymbol{a}-(x-y)\boldsymbol{a}$.

（十一）求线段 AB 的中点坐标.

1. $A(2,1)$，$B(4,3)$　2. $A(-1,2)$，$B(3,6)$；

3. $A(5,-4)$，$B(3,-6)$.

（十二）已知向量 $\overrightarrow{OA}$，$\overrightarrow{OB}$（O，A，B 三点不共线），画出下列向量.

1. $\overrightarrow{OM}=\frac{1}{2}(\overrightarrow{OA}+\overrightarrow{OB})$；　2. $\overrightarrow{ON}=\frac{1}{2}(\overrightarrow{OA}-\overrightarrow{OB})$.

（十三）化简

1. $\overrightarrow{AB}+\overrightarrow{BC}+\overrightarrow{CA}$；　2. $(\overrightarrow{AB}+\overrightarrow{MB})+\overrightarrow{BO}+\overrightarrow{OM}$；

3. $\overrightarrow{AB}-\overrightarrow{AC}+\overrightarrow{BD}-\overrightarrow{CD}$；　4. $\overrightarrow{AB}-\overrightarrow{AD}-\overrightarrow{DC}$；

5. $5(3\boldsymbol{a}-2\boldsymbol{b})+4(2\boldsymbol{b}-3\boldsymbol{a})$；　6. $6(\boldsymbol{a}-3\boldsymbol{b}+\boldsymbol{c})-4(-\boldsymbol{a}+\boldsymbol{b}-\boldsymbol{c})$；

7. $\frac{1}{2}\left[(3\boldsymbol{a}-2\boldsymbol{b})+5\boldsymbol{a}-\frac{1}{3}(6\boldsymbol{a}-9\boldsymbol{b})\right]$；　8. $(x-y)(\boldsymbol{a}+\boldsymbol{b})-(x-y)(\boldsymbol{a}-\boldsymbol{b})$.

（十四）已知向量 $\boldsymbol{a}$ 的始点 A 的坐标，求终点 B 的坐标.

1. $\boldsymbol{a}=(-2,1)$，$A(0,0)$；

2. $\boldsymbol{a}=(1,3)$，$A(-1,5)$；

3. $\boldsymbol{a}=(-2,-5)$，$A(3,7)$.

（十五）已知▱$ABCD$ 的顶点 $A(-1,-2)$，$B(3,-1)$，$C(5,6)$，求顶点 D 的坐标.

（十六）x 为何值时，$\boldsymbol{a}=(2,3)$ 与 $\boldsymbol{b}=(x,-6)$ 共线？

（十七）已知 $A(-2,\ -3)$，$B(2,\ 1)$，$C(1,\ 4)$，$D(-7,\ -4)$，试问$\overrightarrow{AB}$与$\overrightarrow{CD}$是否共线？

想一想

1. 共线向量和平行向量有什么区别吗？
2. 怎么证明加法的交换律和结合律？

第七章　数列及排列数

7.1 数　　列

7.1.1 数列的概念

认一认

排列	páiliè	arrangement
数列	shùliè	series
序号	xùhào	serial number
首项	shǒuxiàng	the first
通项公式	tōngxiàng gōngshì	the formula of general term

学一学

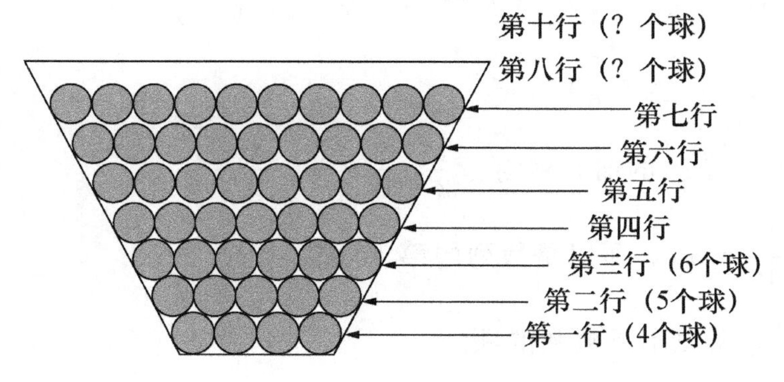

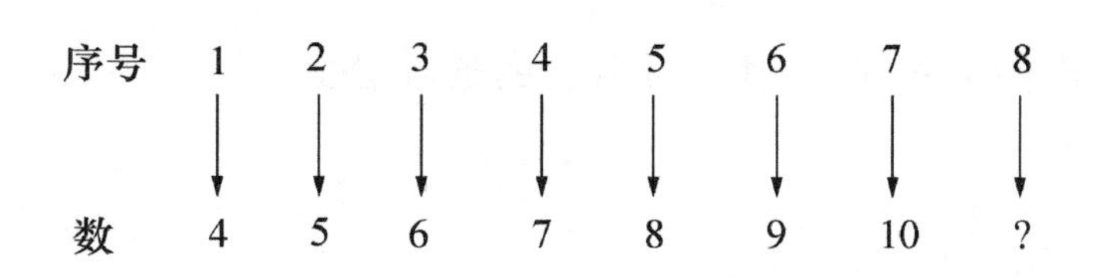

序号n和数a_n的关系式为$a_n=n+3$

$\{a_n\}=a_1，a_2，\cdots，a_n，\cdots$

按照次序排列的一组数称为数列.

数列中的每一个数叫作数列的项，

依次称为第一项 a_1，第二项 a_2，……，第 n 项 a_n，……，

数列的第一项也叫作首项；

第 n 项也叫作通项；

通项的表达式，即 a_n 和序号 n 的关系式，称为数列的通项公式.

$a_1+a_2+\cdots+a_n$ 称为数列的前 n 项和，记作 S_n，即 $S_n=a_1+a_2+\cdots+a_n$.

数列前 n 项和 S_n 与通项公式之间的关系是：

$a_1=S_1，a_n=S_n-S_{n-1}，(n\geqslant 2)$.

4，5，6，7，8，9，…是一个数列，

首项 a_1 是 4，通项 a_n 是 $n+3$，通项公式为 $a_n=n+3$；

数列前 6 项和为 $S_6=4+5+6+7+8+9=39$.

 **例 1** 写出下面给出数列的前 5 项.

1. $a_n=\dfrac{n}{n+1}$，判断 $\dfrac{19}{18}$，$\dfrac{17}{18}$ 是否是数列的项；

2. $a_n=(-1)^n\cdot n$.

解：

1. 当 $n=1$ 时，$a_1=\dfrac{1}{1+1}=\dfrac{1}{2}$；当 $n=2$ 时，$a_2=\dfrac{2}{2+1}=\dfrac{2}{3}$；

当 $n=3$ 时，$a_3=\dfrac{3}{3+1}=\dfrac{3}{4}$；当 $n=4$ 时，$a_4=\dfrac{4}{4+1}=\dfrac{4}{5}$；

当 $n=5$ 时，$a_5=\dfrac{5}{5+1}=\dfrac{5}{6}$；

数列 $\{a_n\}=\left\{\dfrac{n}{n+1}\right\}$ 的前 5 项为：$\dfrac{1}{2}$，$\dfrac{2}{3}$，$\dfrac{3}{4}$，$\dfrac{4}{5}$，$\dfrac{5}{6}$.

因为 $\dfrac{17}{18}=\dfrac{17}{17+1}=a_{17}$，所以是数列的第 17 项；

而 $\dfrac{19}{18}=\dfrac{18+1}{18}$，所以不是数列的项.

2. $a_1=-1，a_2=2，a_3=-3，a_4=4，a_5=-5$.

例 2 根据下面给出数列的前 4 项，写出它的通项公式.

1. 1，3，5，7；

2. $\dfrac{2^2-1}{2}$，$\dfrac{3^2-1}{3}$，$\dfrac{4^2-1}{4}$，$\dfrac{5^2-1}{5}$；

3. $-\frac{1}{1\times2}$，$\frac{1}{2\times3}$，$-\frac{1}{3\times4}$，$\frac{1}{4\times5}$.

解：

1. $a_1=1\cdot2-1$，$a_2=2\cdot2-1$，$a_3=3\cdot2-1$，$a_4=4\cdot2-1$.
   数列的前 4 项都是序号乘 2 减 1，所以通项公式为
   $a_n=2n-1$；
2. 数列的前 4 项的分母都是序号加 1，
   分子都是分母的平方减去 1，所以通项公式为
   $a_n=\frac{(n+1)^2-1}{n+1}=\frac{n(n+2)}{n+1}$；
3. 数列的前 4 项的绝对值都等于序号与序号加 1 的积的倒数，
   且奇数项为负，偶数项为正，所以通项公式为
   $a_n=\frac{(-1)^n}{n(n+1)}$.

例 3　求以下数列中所缺的项.

1. 4，8，12，16，20，(　)，28，…；

2，1，$-\frac{1}{3}$，$\frac{1}{9}$，$-\frac{1}{27}$，(　)，(　)，$\frac{1}{729}$，….

解：

1. 数列的通项公式是 $a_n=4n$，所以第六项是 $a_6=24$；
2. 数列的通项公式是 $a_n=\left(-\frac{1}{3}\right)^{n-1}$，所以 $a_5=\frac{1}{81}$，$a_6=-\frac{1}{243}$.

读一读

数列

$\{a_n\}$ ＝4，5，6，7，8，9，10，…

$\{b_n\}$ ＝10，4，5，7，9，8，6，…

数列是按照次序排列的一组数；

若数列中被排列的数相同，但次序不同，则不是同一数列.

练一练

（一）根据数列的通项公式，写出它的前 5 项.

1. $a_n=n^2$；
2. $a_n=10n-1$；

3. $a_n=(-1)^{n+1}$；

4. $a_n=2+\frac{1}{n^2}$；

5. $a_n=\frac{2^n-1}{3^n}$；

6. $a_n=[(-1)^n+1]\frac{n-1}{n+1}$.

（二）根据数列的通项公式，写出它的第七项和第十项.

1. $a_n=\frac{1}{n^3}$；

2. $a_n=n(n+2)$；

3. $a_n=\frac{(-1)^{n+1}}{n}$.

（三）根据下列数列的前几项的值，写出数列的一个通项公式.

1. -2，$\frac{3}{2}$，$-\frac{4}{3}$，$\frac{5}{4}$，$-\frac{6}{5}$，…；

2. -1，7，-13，19，-25，…；

3. 9，99，999，9999，99999，…；

4. $\frac{1}{3}$，$\frac{1}{8}$，$\frac{1}{15}$，$\frac{1}{24}$，$\frac{1}{35}$，….

（四）判断下面的数是否是所给数列的项.

1. $\frac{1}{17}$，$\left\{\frac{1}{5n}\right\}$；

2. $-\frac{13}{16}$，$\left\{\frac{(-1)^n n}{n+3}\right\}$.

（五）求数列 $\{2^n\}$ 的前十项和 S_{10}.

（六）数列 $\{a_n\}$ 的前 n 项和 $S_n=\frac{3^n-1}{2}$，求 a_5.

想一想

下面数列的各项之间有什么关系？

1，1，2，3，5，8，13，21，…

7.1.2　等差数列

认一认

等差数列	děngchā shùliè	arithmetic progression
公差	gōngchā	tolerance
递推公式	dìtuī gōngshì	recursive formula

学一学

观察下面的数列，看看它们有什么共同特点？

1，2，3，4，5，6，…

38，40，42，44，46，48，50，52，54，56，…

10，7，4，1，－2，－5，…

2，2，2，2，2，2，…

一般地，如果一个数列从第二项起，
每一项与前一项的差都等于同一个常数，
那么这个数列就叫作等差数列，
这个常数叫作等差数列的公差，
公差通常用字母 d 表示.

$a_{n+1}-a_n=d$
$a_{n+1}=d+a_n$

如果一个数列的第 $n+1$ 项能用它前面若干项的表达式来表示，
则这个公式称为这个数列的递推公式.

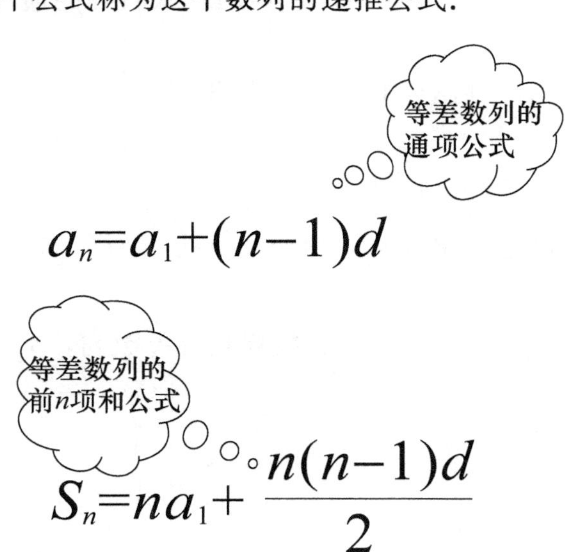

求等差数列 1,3,5,7,… 的通项公式

从1加到100，和是多少？写出自然数列前 n 项和公式

例 1 判断下列数列是否是等差数列，如果是，写出它的首项、公差及通项公式.

1. -1，4，9，14，19，24，29，34…；
2. 2，0，2，0，2，0，2，0，…；
3. 15，9，3，-3，-9，-15，-21，….

解：

1. 由 $a_2-a_1=a_3-a_2=\cdots=5$ 知，此数列是等差数列，
$a_1=-1$，$d=5$，$a_n=-1+(n-1)\times5=5n-6$；
2. 由 $a_2-a_1=-2$，$a_3-a_2=2$ 知，此数列不是等差数列；
3. 由 $a_2-a_1=a_3-a_2=\cdots=-6$ 知，此数列是等差数列，
$a_1=15$，$d=-6$，$a_n=15+(n-1)\times(-6)=-6n+21$.

例 2

1. 求等差数列 8，5，2，…的第 20 项；
2. -401 是不是等差数列 -5，-9，-13，…的项？如果是，是第几项？

解：

1. 由 $a_1=8$，$d=a_2-a_1=-3$，$n=20$，得
$a_{20}=8+(20-1)\times(-3)=-49$；
2. 由 $a_1=-5$，$d=a_2-a_1=-4$，得通项公式
$a_n=(-5)+(n-1)\times(-4)=-4n-1$；
令 $a_n=-4n-1=-401$，解得 $n=100$，即
-401 是数列的第 100 项.

例 3 在等差数列 $\{a_n\}$ 中已知 $a_5=10$，$a_{12}=31$，求数列的通项公式.

解：

由 $a_5=a_1+4d=10$，$a_{12}=a_1+11d=31$，可以求出
$a_1=-2$，$d=3$，
通项公式 $a_n=-2+(n-1)\times3=3n-5$.

例 4 求数列 $\{4n-5\}$ 的前 n 项和 S_n.

解：

由 $a_n=4n-5$ 知 $a_1=-1$，$a_{n+1}-a_n=4$，此数列是等差数列，
前 n 项和 $S_n=2n^2-3n$.

读一读

等差数列的通项公式

已知等差数列的首项为 a_1，公差为 d，则

$$a_2-a_1=d \Rightarrow a_2=a_1+d;$$

$$a_3-a_2=d \Rightarrow a_3=a_2+d=(a_1+d)+d=a_1+2d;$$

$$a_4-a_3=d \Rightarrow a_4=a_3+d=(a_1+2d)+d=a_1+3d;$$

以此类推，可得

$$a_n-a_{n-1}=d \Rightarrow a_n=a_{n-1}+d=(a_1+(n-2)d)+d=a_1+(n-1)d.$$

等差数列的前 n 项和公式

$$S_n=a_1+a_2+a_3+\cdots+a_{n-1}+a_n$$
$$=a_1+(a_1+d)+(a_1+2d)+\cdots+[a_1+(n-2)d]+[a_1+(n-1)d],$$

把项的次序反过来，则

$$S_n=[a_1+(n-1)d]+[a_1+(n-2)d]+\cdots+(a_1+2d)+(a_1+d)+a_1,$$

$$\begin{array}{l} 2S_n=a_1+(a_1+d)+(a_1+2d)+\cdots+[a_1+(n-2)d]+[a_1+(n-1)d] \\ \quad +[a_1+(n-1)d]+[a_1+(n-2)d]+\cdots+(a_1+2d)+(a_1+d)+a_1 \end{array}$$

$$2S_n=\underbrace{[2a_1+(n-1)d]+[2a_1+(n-1)d]+\cdots+[2a_1+(n-1)d]}_{n},$$

$$S_n=na_1+\frac{n(n-1)}{2}d=\frac{2na_1+n(n-1)d}{2}=\frac{na_1+[na_1+n(n-1)d]}{2}=\frac{n(a_1+a_n)}{2}.$$

练一练

（一）求等差数列 3，7，11，…的第四项和第十一项.

（二）100 是不是等差数列 2，9，16，…的项？如果是，是第几项？

（三）在等差数列 $\{a_n\}$ 中已知 $a_4=10$，$a_7=19$，求 a_1 和 d.

（四）在等差数列 $\{a_n\}$ 中已知 $a_3=9$，$a_9=3$，求 d 和 a_{13}.

（五）求数列 $\{6n-2\}$ 的前 n 项和 S_n.

（六）等差数列 $\{a_n\}$ 中，$a_1+a_2+a_3=-24$，$a_{18}+a_{19}+a_{20}=78$，求 a_1，d 和 S_{20}.

想一想

从数列 2，3，4，5，6，7，8，9，10，11，…中抽出项数为 5 的倍数的各项，组成新数列 a_5，a_{10}，a_{15}，a_{20}，…，a_{5k}，…，新数列是等差数列吗？如果是，则首项和公差是什么？

7.1.3 等比数列

认一认

等比数列	děngbǐ shùliè	geometric series
公比	gōngbǐ	common ratio
数学归纳法	shùxué guīnàfǎ	mathematical induction

学一学

观察下面的数列，看看它们有什么共同特点？

1. 2，4，8，16，32，64，…；
2. 1，3，9，27，81，243，…；
3. 1，x，x^2，x^3，x^4，… ($x \neq 0$)；
4. 2，2，2，2，2，2，….

$\frac{a_{n+1}}{a_n}=q$

$a_{n+1}=qa_n$

一般地，如果一个数列从第二项起，
每一项除以前一项的商都等于同一个不为 0 的常数，
那么这个数列就叫作等比数列，
这个常数叫作公比，公比通常用字母 q 表示.

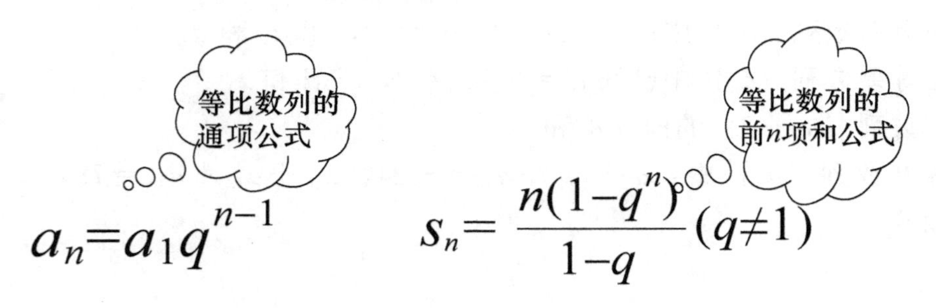

例 1　判断下面的数列是否是等比数列，如果是，写出它的首项、公比及通项公式.

1. 1，−1，1，−1，1，−1，…；

2. $\frac{1}{2}$，$\frac{1}{4}$，$\frac{1}{8}$，$\frac{1}{16}$，…；

3. 2，4，2，4，2，4，2，4….

解：

1. 由$\frac{a_2}{a_1}=\frac{a_3}{a_2}=\cdots=-1$知，此数列是等比数列，

$$a_1=1，q=-1，a_n=(-1)^{n-1}；$$

2. 由$\frac{a_2}{a_1}=\frac{a_3}{a_2}=\cdots=\frac{1}{2}$知，此数列是等比数列，

$$a_1=\frac{1}{2}，q=\frac{1}{2}，a_n=\left(\frac{1}{2}\right)^n；$$

3. 由$\frac{a_2}{a_1}=2$，$\frac{a_3}{a_2}=\frac{1}{2}$知，此数列不是等比数列.

例 2　写出下面的等比数列中所缺的项.

1. 1，（　），9，…；

2. −12，（　），−3，….

解：

1. 由 $\frac{a_2}{a_1}=\frac{a_3}{a_2}=q$ 知，$a_2^2=a_1a_3=9$，所以 $a_2=\pm3$；

2. $a_2^2=a_1a_3=36$，所以 $a_2=\pm6$.

例 3　等比数列的第三项与第四项分别是 12 与 18，求它的第一项与第二项.

解：

由 $q=\frac{a_4}{a_3}=\frac{3}{2}$，$a_3=a_1q^2$ 得

$$a_1=\frac{a_3}{q^2}=\frac{16}{3}，a_2=a_1q=8.$$

例 4　求数列$\frac{1}{2}$，$\frac{1}{4}$，$\frac{1}{8}$，$\frac{1}{16}$，…的前 8 项和.

解：

这是等比数列，$a_1=\frac{1}{2}$，$q=\frac{1}{2}$；由 $S_n=\frac{a_1(1-q^n)}{1-q}$可以得到

$$S_8=\frac{\frac{1}{2}\left[1-\left(\frac{1}{2}\right)^8\right]}{1-\frac{1}{2}}=\frac{255}{256}.$$

读一读

用数学归纳法证明

已知首项为 a_1，公比为 q，证明等比数列的通项公式为 $a_n=a_1q^{n-1}$.

证明：当 $n=1$ 时，$a_1=a_1\cdot q^0=a_1$ 成立；

假设 $n=k-1$ 时，公式 $a_{k-1}=a_1\cdot q^{k-2}$ 成立；

则当 $n=k$ 时，$a_k=a_{k-1}\cdot q=(a_1q^{k-2})\cdot q=a_1\cdot q^{k-1}$.

故通项公式对任意 $n\in\mathbf{Z}^+$ 成立.

等比数列的前 n 项和公式

$$S_n=a_1+a_2+a_3+\cdots+a_{n-1}+a_n$$
$$=a_1+a_1q+a_1q^2+\cdots+a_1q^{n-2}+a_1q^{n-1}$$
$$qS_n=a_1q+a_1q^2+a_1q^3+\cdots+a_1q^{n-1}+a_1q^n$$

$$(1-q)S_n$$
$$=(a_1-a_1q)+(a_1q-a_1q^2)+(a_1q^2-a_1q^3)+\cdots+(a_1q^{n-2}-a_1q^{n-1})+(a_1q^{n-1}-a_1q^n)$$
$$=a_1(1-q^n)$$

当 $q\neq1$ 时，$S_n=\dfrac{a_1(1-q^n)}{1-q}$；

当 $q=1$ 时，$S_n=na_1$.

练一练

（一）求下列等比数列的第四和第五项.

1. 5，-15，45，…； 2. 1.2，2.4，4.8，…；

3. $\dfrac{2}{3}$，$\dfrac{1}{2}$，$\dfrac{3}{8}$，…； 4. $\sqrt{2}$，1，$\dfrac{\sqrt{2}}{2}$，….

（二）求下列等比数列的通项公式.

1. $a_1=-2$，$a_3=-8$； 2. $a_1=5$，$2a_{n+1}=-3a_n$.

（三）根据下列条件，求等比数列 $\{a_n\}$ 的 S_n.

1. $a_1=3$，$q=2$，$n=6$；
2. $a_1=2.4$，$q=-1.5$，$n=5$；
3. $a_1=8$，$q=\dfrac{1}{2}$，$n=5$；
4. $a_1=2.7$，$q=-\dfrac{1}{3}$，$n=6$.

（四）求等比数列 1，2，4，…从第五项到第十项的和.

（五）已知等比数列 $\{a_n\}$ 中 $S_3=3a_3$，求公比 q.

（六）等比数列 $\{a_n\}$ 中，$a_1 \cdot a_{99}=16$，求 $a_{20} \cdot a_{80}$，a_{50}.

（七）等比数列 $\{a_n\}$ 前 n 项和为 S_n，若 S_1，$2S_2$，$3S_3$ 是等差数列，求公比.

想一想

一个数列的通项为 $a_n=10^n+2n-1$，这个数列是等差数列还是等比数列？怎样求此数列的前 n 项的和？

7.2　排列与组合

7.2.1　排列数、组合数

认一认

全排列	quánpáiliè	full array
组合	zǔhé	combination
排列数	páilièshù	number of permutations
组合数	zǔhéshù	combination number

学一学

（一）排列

将三只小球排成一列（有前后顺序），有多少种排法？

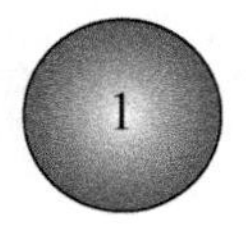

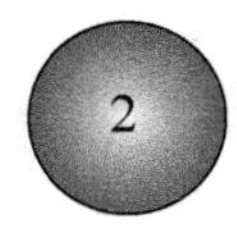

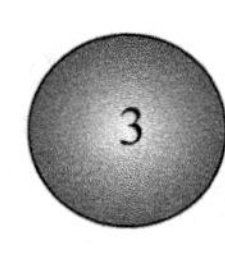

按照顺序分别记小球为 1，2，3，我们有总共 $3\times2\times1=6$ 种排列方法：

1　2　3　　2　1　3
1　3　2　　3　1　2
2　1　3　　3　2　1

n 个不同元素按照一定的顺序排成一列，
叫作它的一个全排列；
所有全排列的个数叫作全排列数，记作 P_n，即

$$P_n=n\times(n-1)\times\cdots\times2\times1，记作\ P_n=n!.$$

规定 $0!=1$.

将 4 只小球中任取两个排成一列，共有多少种方法？

12　21　13　31
14　41　23　32
24　42　34　43

总共有$\dfrac{4!}{2!}=12$ 种方法.

n 个不同元素中取出 m（$m\leqslant n$）个元素，
按照一定的顺序排成一列，
叫作从 n 个不同元素中取出 m 个元素的一个排列；
所有排列的个数，
叫作从 n 个不同元素中取出 m 个元素的排列数，记作 P_n^m，即

$$P_n^m=n(n-1)(n-2)\ \cdots\ (n-m+1)\ =\frac{n!}{(n-m)!}$$

（二）组合

将 4 只小球任选两个放入盒子里（没有顺序），又有多少种方法呢？

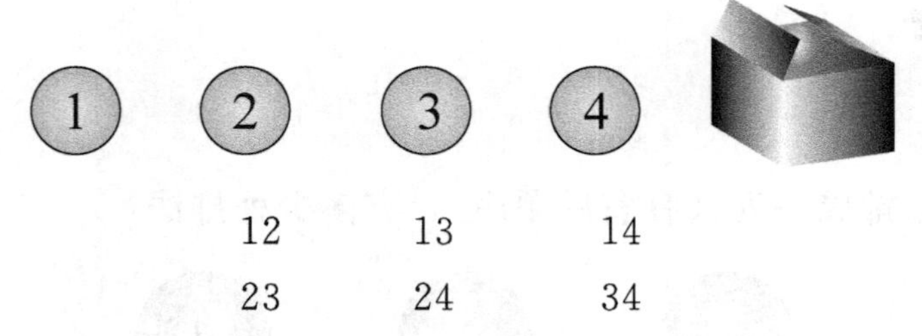

12　　13　　14
23　　24　　34

共有$\dfrac{P_4^2}{2!}=6$ 种方法.

从 n 个不同元素中取出 m（$m\leqslant n$）个元素并成一组，
叫作从 n 个不同元素中取出 m 个元素的一个组合，
所有组合的个数，

叫作从 n 个不同元素中取出 m 个元素的组合数，记作 C_n^m.

$$C_n^m=\frac{P_n^m}{m!}=\frac{n!}{m!(n-m)!}$$

规定：$C_n^0=1$.

例 1　1. 从 A，B，C，D，E，F 六名优秀学生中选两名同学升旗，并指定正旗手、副旗手，共有多少种选法？

2. 从 A，B，C，D，E，F 六名优秀学生中选两名同学升旗，共有多少种选法？

解：

1. 6 名同学选 2 名排成正、副次序，共有 $P_6^2=30$ 种方法；
2. 6 名同学选 2 名，没有次序，共有 $C_6^2=15$ 种方法.

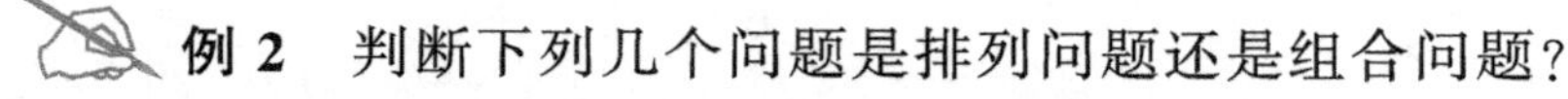

例 2　判断下列几个问题是排列问题还是组合问题？

1. 4 个足球队举行比赛，每两队比赛一场，共有多少种比赛？
2. 4 个足球队最后取得冠亚军的可能性情况有多少种？
3. 10 个人相互通一次信，共有多少封信？
4. 10 个人相互通一次电话，共打了多少个电话？

解：

1. 4 个元素任取 2 个，没有次序，是组合问题；
2. 4 个元素任取 2 个，有冠亚军次序，是排列问题；
3. 10 个元素任取 2 个，有通信次序，是排列问题；
4. 10 个元素任取 2 个，没有次序，是组合问题.

例 3　从 9 名学生中选出 3 人打扫教室卫生，有多少种不同的选法？

解： 共有 $C_9^3=\frac{9\times8\times7}{3\times2\times1}=84$ 种方法.

例 4　写出从 A，B，C，D 四个小球中任取三个的所有组合及所有排列.

解：

组合		排列
abc	→	*abc*，*bac*，*cab*，*acb*，*bca*，*cba*
abd	→	*abd*，*bad*，*dab*，*adb*，*bda*，*dba*
acd	→	*acd*，*cad*，*dac*，*adc*，*cda*，*dca*
bcd	→	*bcd*，*cbd*，*dbc*，*bdc*，*cdb*，*dcb*

读一读

排列数 P_n^m 的一些性质

1. $P_n^m=(n-m+1)P_n^{m-1}$

2. $P_n^m=\dfrac{n}{n-m}P_{n-1}^m$

3. $P_n^m=nP_{n-1}^{m-1}$

组合数 C_n^m 的一些性质

1. $C_n^m=\dfrac{n}{n-m}C_{n-1}^m$

2. $C_n^m=\dfrac{n}{m}C_{n-1}^{m-1}$

3. $C_n^m=C_n^{n-m}$

4. $C_{n+1}^m=C_n^m+C_n^{m-1}$

练一练

（一）计算

1. P_5；　　2. P_7^4；　　3. C_6^2；　　4. C_{10}^7.

（二）判断下列几个问题是排列问题，还是组合问题？

1. 从班级 5 名优秀学生中选出 3 人参加上午的会议；
2. 100 本参考书中选出 10 本给 100 位同学每人一本；
3. 200 名来宾中选 20 名贵宾分别坐 1～20 号贵宾席；
4. 从 2，3，4，5，6 中任取两数相加，有多少个不同的结果？
5. 从 2，3，4，5，6 中任取两数构成指数形式，有多少个不同的指数？

（三）给出上题中各小题的答案.

（四）圆上有 9 个点，解答下列问题.

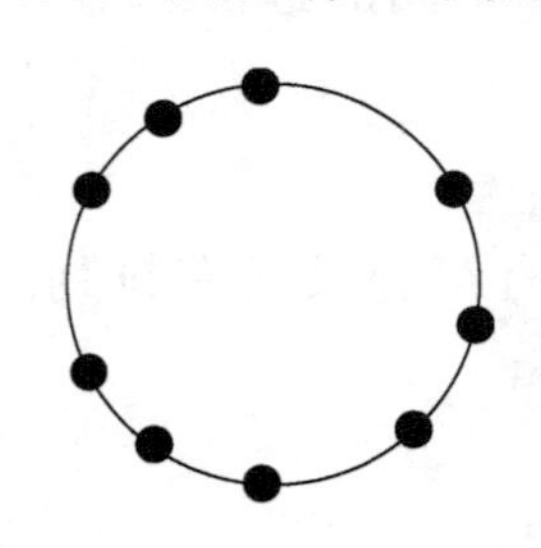

1. 以其中每两个点为端点的线段有多少条？
2. 以其中每两个点为端点的有向线段有多少条？
3. 以其中每三个点作三角形，一共可以作多少个三角形？
4. 以其中每四个点作四边形，一共可以作多少个四边形？

（五）一个口袋内装有大小相同且标号不同的 7 个白球和 1 个黑球，解答下列问题.

1. 从口袋内取出 3 个球，共有多少种取法？
2. 从口袋内取出 5 个球，共有多少种取法？
3. 从口袋内取出 3 个球，使其中含有 1 个黑球，有多少种取法？
4. 从口袋内取出 3 个球，使其中不含黑球，有多少种取法？

想一想

1. 5名同学排成一排，其中的甲乙两同学必须站在两端，共有多少种排法？

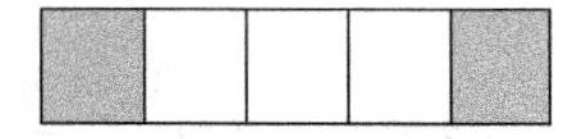

2. 从数字1，2，3，4，5，6挑选5个组成没有重复数字的五位数，其中偶数有多少个？

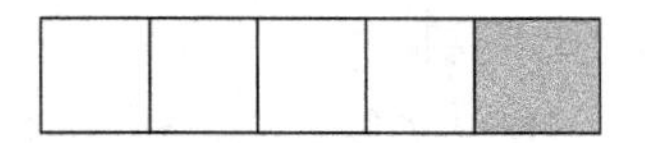

3. 有不同的英文书5本，不同的中文书7本，从中选出两本书，其中一本为中文书，一本为英文书．问共有多少种选法？

7.2.2　二项式

认一认

二项式	èrxiàngshì	binomial
展开式	zhǎnkāishì	expansion

学一学

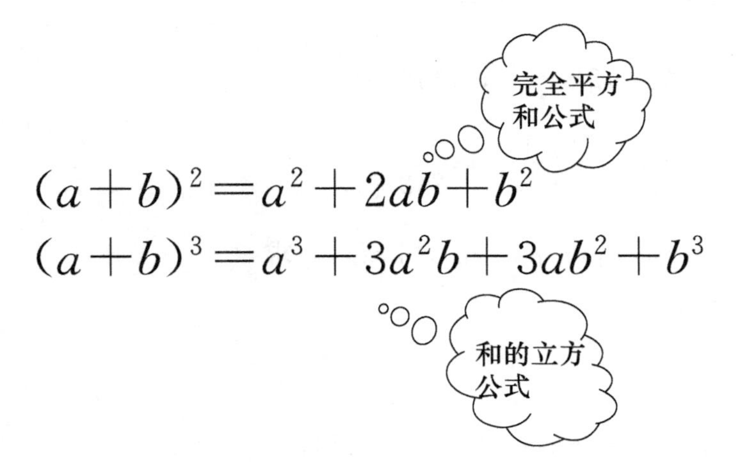

$$(a+b)^n=C_n^0a^nb^0+C_n^1a^{n-1}b^1+C_n^2a^{n-2}b^2+\cdots+C_n^ra^{n-r}b^r+\cdots+C_n^na^0b^n$$

一般地，对于自然数 n，我们称

$$(a+b)^n=C_n^0a^nb^0+C_n^1a^{n-1}b^1+C_n^2a^{n-2}b^2+\cdots+C_n^ra^{n-r}b^r+\cdots+C_n^na^0b^n$$

为二项式公式，或二项式定理.

称等式的右边为二项式展开式，其中

$C_n^r(r=0, 1, 2, \cdots, n)$ 叫作二项式系数.

$C_n^ra^{n-4}b^r$ 叫作展开式通项，该项是展开式的 $r+1$ 项，记作 T_{r+1}.

展开式共有 $n+1$ 项.

例 1 写出 $(1-x)^{15}$ 展开式的前 4 项.

解：

$(1-x)^{15}=1+C_{15}^1(-x)+C_{15}^2(-x)^2+C_{15}^3(-x)^3+\cdots+C_{15}^{15}(-x)^{15}$

故前 4 项为 1，$-15x$，$105x^2$，$-455x^3$.

例 2 求 $\left(\frac{\sqrt{x}}{3}+\frac{1}{\sqrt{x}}\right)^{12}$ 见展开式中不含 x 的项.

解：

设该项为 $C_{12}^r\left(\frac{\sqrt{x}}{3}\right)^{12-r}\left(\frac{1}{\sqrt{x}}\right)^r$，因为不含 x，故

$\frac{12-r}{2}+\left(\frac{-r}{2}\right)=0$，化简为 $12-r=r$，得到 $r=6$.

此项为 $T_7=T_{6+1}=C_{12}^6\left(\frac{\sqrt{x}}{3}\right)^{12-6}\left(\frac{1}{\sqrt{x}}\right)^6=\frac{308}{243}$.

例 3 若 $(3x-1)^7=a_0+a_1x+a_2x^2+\cdots+a_7x^7$，求：

1. $a_0+a_1+a_2+\cdots+a_7$；

2. $a_1+a_2+\cdots+a_7$.

解：

1. 令 $x=1$，$a_0+a_1+a_2+\cdots+a_7=(3-1)^7=128$；

2. 令 $x=0$，$a_0=-1$，$a_1+a_2+\cdots+a_7$

$$=128-a_0$$
$$=128-(-1)$$
$$=128+1=129.$$

读一读

二项式展开式的指数规律

1. 每一项 a，b 的系数之和等于 n；
2. a 的次数由 n 降到 0，b 的次数由 0 升到 n；

二项式系数规律

1. 系数依次是 C_n^0，C_n^1，C_n^2，…，C_n^n；
2. $a^{n-r}b^r$ 与 $a^r b^{n-r}$ 的系数相等，即 $C_n^r=C_n^{n-r}$.

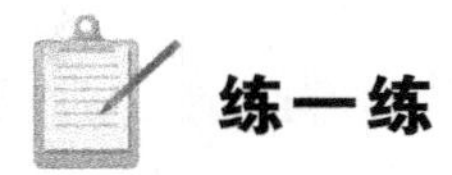

练一练

（一）计算

1. $(2x-3)^5$ 展开式中 x^3 的系数；
2. $(5-4y)^8$ 展开式中的第六项；
3. $\left(\frac{1}{2}x-\frac{5}{3}y\right)^4$ 展开式中 x^2y^2 的系数.

（二）$(2x-3y)^5$ 展开式中系数为负数的有多少项？

（三）证明 $C_n^0+C_n^1+C_n^2+\cdots+C_n^k+\cdots+C_n^n=2^n$.

（四）判断对错

1. $\left(x+\frac{1}{x}\right)^{12}$ 含有常数项；
2. $\left(\sqrt[3]{2x}-\frac{5}{\sqrt[3]{x}}\right)^9$ 含有常数项.

（五）计算

1. P_9^5；　　2. C_{200}^{198}；　　3. $C_4^3\cdot P_3^3$；
4. $C_{99}^3+C_{99}^2$；　　5. $2C_8^3-C_9^3+C_8^2$；　　6. $P_6^4-2C_7^5+C_7^2$.

（六）证明 $C_n^m=\frac{m+1}{n-m}C_n^{m+1}$.

（七）有 5 本不同的书，某人要从中借 2 本，有多少种不同的借法？

（八）如下页图所示，在以 AB 为直径的半圆周上有异于 A、B 的 6 个点 C_1，C_2，C_3，C_4，C_5，C_6，AB 上有异于 A、B 的 4 个点 D_1，D_2，D_3，D_4.

如以这 10 个点中的 3 个点为顶点，可作多少个三角形？

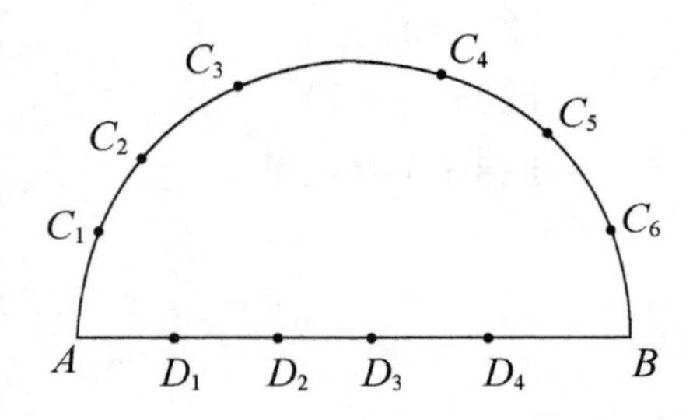

（九）求 $(7-4x)^5$ 展开式的第四项.

（十）若 $\left(x^3-\dfrac{1}{x^2}\right)^n$ 的展开式只有第六项系数最大，求 n.

（十一）若 $\left(x\sqrt{x}-\dfrac{1}{x^4}\right)^n$ 的展开式中含有 x^4，求 n.

想一想

1. $(a+b)^n$ 的展开式中，若 n 是偶数，哪一项系数最大？
2. 若 n 是奇数，哪一项系数最大？

附录　几何图形

认一认

正方形	zhèngfāngxíng	square
长方形	chángfāngxíng	rectangle
矩形	jùxíng	rectangle
长	cháng	length
宽	kuān	width
对角线	duìjiǎoxiàn	diagonal line
梯形	tīxíng	trapezium
扇形	shànxíng	sector
内接多边形	nèijiē duōbiānxíng	inscribed polygon
外接圆	wàijiēyuán	circumcircle
立方体	lìfāngtǐ	cube
长方体	chángfāngtǐ	cuboid
棱	léng	edges
圆柱	yuánzhù	cylinder
圆锥	yuánzhuī	circular cone
底面	dǐmiàn	undersurface
侧面	cèmiàn	profile
表面积	biǎomiànjī	surface area
体积	tǐjī	volume
球体	qiútǐ	sphere
球心	qiúxīn	centre of sphere
平面图形	píngmiàn túxíng	plane figure
立体图形	lìtǐ túxíng	solid figure
几何图形	jǐhé túxíng	geometric figure

学一学

（一）四边形

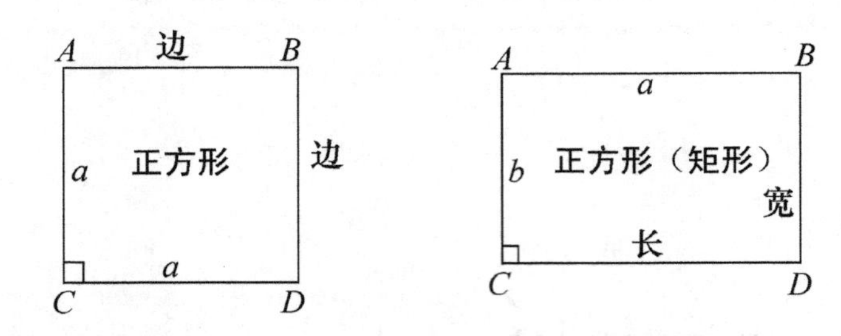

正方形的面积等于边长的平方，即 $S_{正}=AB\cdot BC=a^2$；

长方形的面积等于长与宽的乘积，即 $S_{长}=CD\cdot BD=ab$.

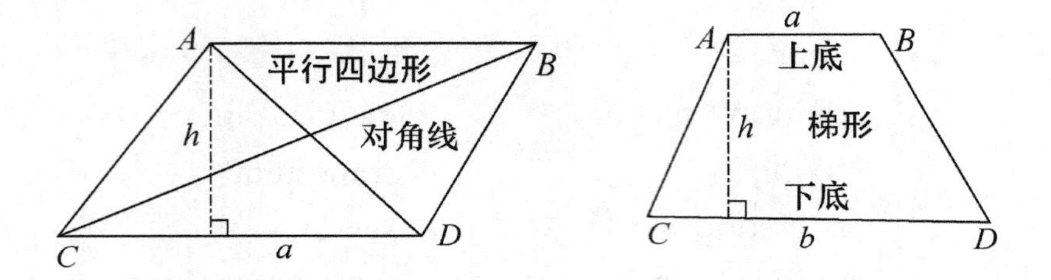

平行四边形的面积等于底与高的乘积，即 $S_{平}=CD\cdot AE=ah$；

梯形的面积等于上底加下底乘高除以 2，即

$$S_{梯}=\frac{1}{2}(AB+CD)\cdot AE=\frac{1}{2}(a+b)h.$$

正方形、长方形（矩形）、平行四边形、梯形都是四边形.

（二）多边形、扇形和圆

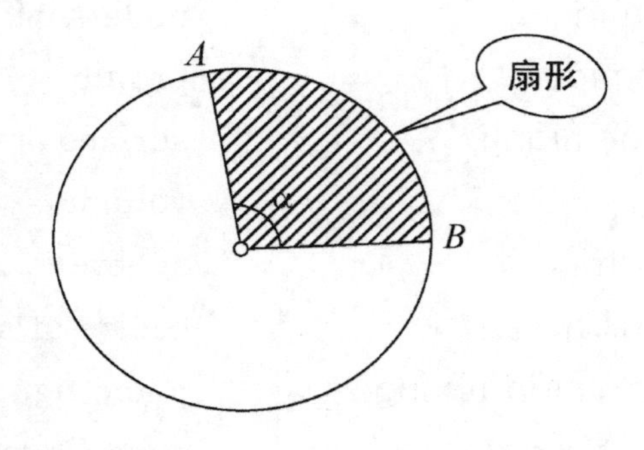

一个圆心角的两个边和圆心角所对的弧所围成的图形称为扇形，扇形是圆的一部分.

圆的面积等于其圆心角 2π 与半径平方乘积的一半，即

$$S_{圆}=\frac{1}{2}\cdot 2\pi r^2=\pi r^2;$$

扇形的面积等于其圆心角的弧度与半径平方的乘积的一半，即

$$S_{扇}=\frac{1}{2}\alpha r^2,$$

扇形圆心角所对的弧长 $L_{扇}$ 等于圆心角的弧度与半径乘积，即

$$L_{扇}=\alpha r.$$

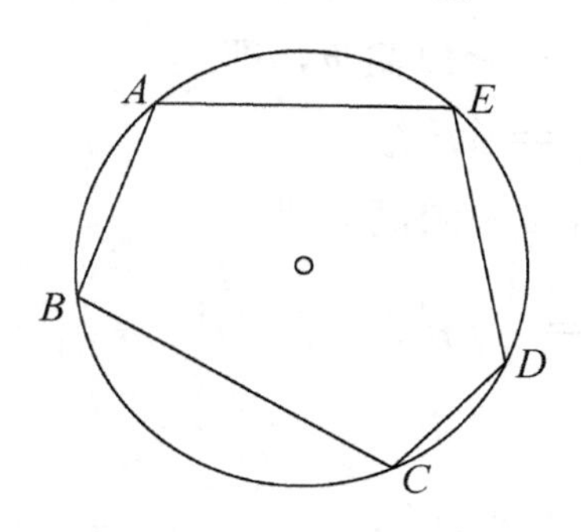

多边形 $ABCDE$ 称为圆的内接多边形，这个圆称为外接圆.

若多边形的顶点全部都在一个圆上，
这个圆称为多边形的外接圆；
这个多边形称为这个圆的内接多边形.

（三）立体图形

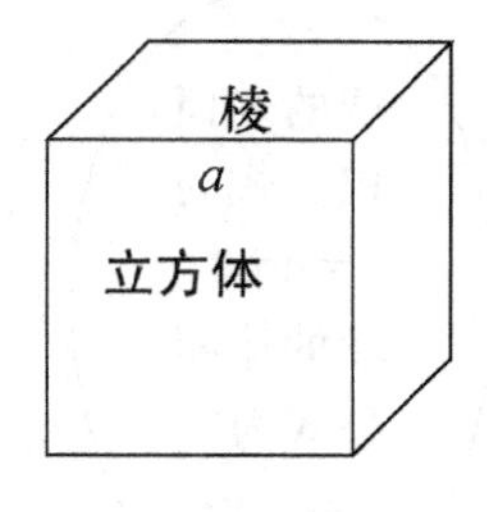

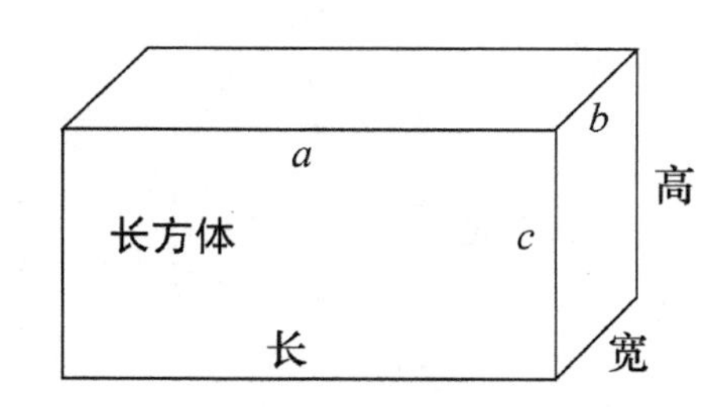

立方体的棱长相等；
立方体的体积为棱长的立方，即 $V_{立}=a^3$；
长方体的体积等于长、宽和高的乘积，即 $V_{长}=abc$；
立方体和长方体都是六面体.
立方体的表面积为 6 个正方形的面积和，即 $S_{表}=6a^2$；
长方体表面为 6 个长方形的面积和，即 $S_{表}=2ab+2ac+2bc$.

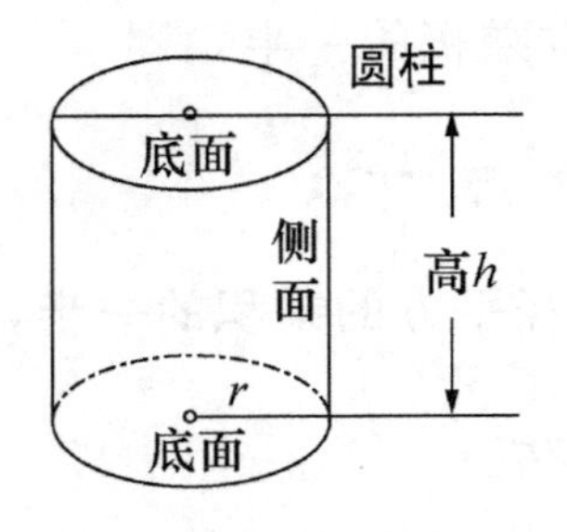

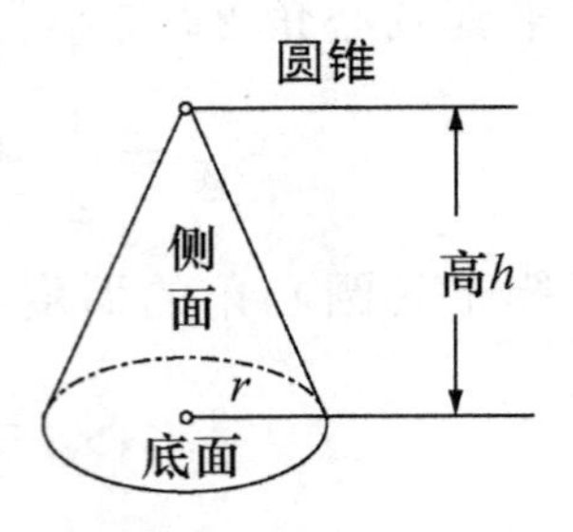

圆柱的表面积等于两个底面面积和侧面面积的和，即

$$S_{表}=2\pi r^2+2\pi rh,$$

圆柱的体积 V 等于其底面面积 πr^2 乘以高 h，即

$$V_{柱}=\pi r^2 h$$

圆锥的体积等于三分之一的底面面积乘高，即

$$V_{锥}=\frac{1}{3}\pi r^2 h.$$

球的表面积公式为

$$S_{表}=4\pi r^2,$$

球的体积公式为

$$V_{球}=\frac{4}{3}\pi r^3.$$

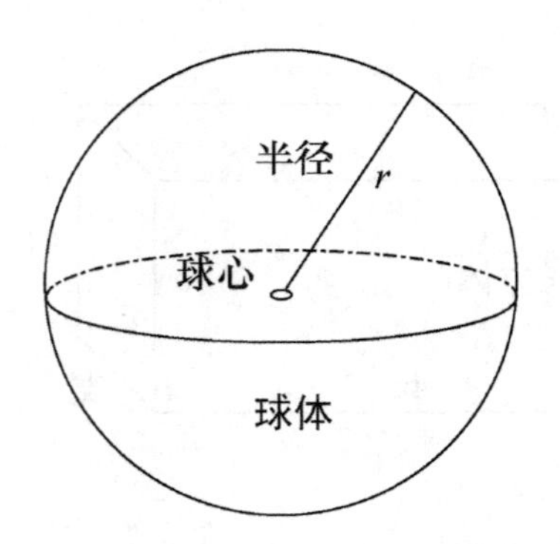

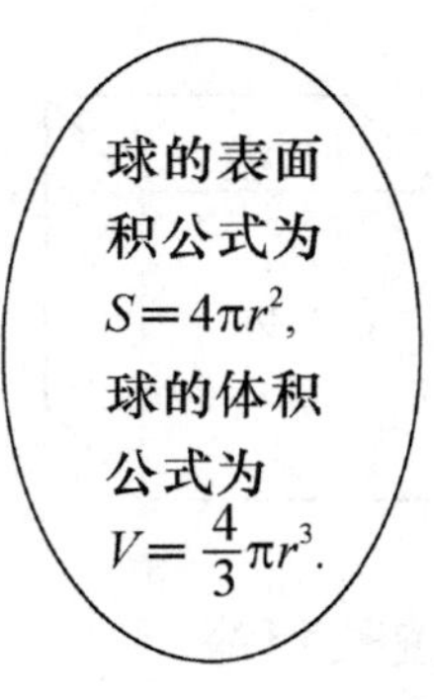

直线、三角形、四边形、圆、扇形、椭圆、双曲线和抛物线都是平面图形；立方体、长方体、圆柱、圆锥和球体都是立体图形.

平面图形和立体图形统称为几何图形.